U0431460

9787308236577

《制药工程专业技能拓展训练》
编委会

主　编　沈健芬　许海丹

副主编　（以姓氏拼音为序）

　　　　曹冬冬　陈　立　陈婷婷　顾霞敏

　　　　洪　志　李宗阳　刘宏强　施　伟

　　　　田厚宽　俞　悦

校　对　刘古月

序

近年来,各高等院校为提高实验教学质量,以创建国家、省、市级实验教学中心为契机,以创新实验教学体系为突破口,努力探索构建实验教学和理论课程紧密衔接、理论运用与实践能力相互促进的实验教学体系,并取得了一定成效。为适应高等教育的发展,台州学院于2004年将原归属于医药化工学院的化学、制药、化工、材料类各基础实验室和专业实验室进行多学科合并重组,建立了校级制药化工实验教学中心。实验中心于2007年获得了省级实验教学示范中心建设立项,又于2014年获得了"十二五"省级实验教学示范中心重点建设项目。在新一轮的建设中,以新工科建设为导向,打破了"以学科知识"设置相应实验课程的传统构架,在"专业基础实验→专业技能实验→综合应用实验→创新研究实验"四个实验层次(第一条主线)的基础上,穿插了"项目开发实验→生产设计实验→质量监控实验→工程训练实验→EHS管理实验"的实验教学体系(第二条主线),建立了"双螺旋"实验教学新体系。

第一条主线的实验教学体系中,专业基础实验模块旨在使各专业学生通过基础实验来理解和掌握必备的基础理论知识和基本操作技能。专业技能实验模块旨在使各专业学生通过实验来理解和掌握必备的专业理论知识和实验技能,然后在此基础上提升学生的专业基本技能。综合应用实验模块旨在使各专业学生在教师的指导和帮助下能自主地运用多学科知识来设计实验方案、完成实验内容、科学表征实验结果,进一步提高综合应用能力。创新研究实验模块旨在提高其综合应用能力和科学研究能力,着重培养学生创新创业的意识和能力。

第二条主线的实验教学体系增设面向企业新产品、新技术、新工艺开发以及高效生产、有效管理等的实验项目。项目开发实验、生产设计实验和工程训练实验旨在培养各专业学生运用已获得的实验技术和手段去解决工程实际问题,强化专业技能与工程实践的结合,突出创新创业能力和工程实践能力的培养。质量监控实验和EHS管理实验旨在通过专业技能与岗位职业技能的深度融合,培养各专业学生职业综合能力。

上述构建的实验教学体系经过几年的教学实践已取得了初步成效。为此,在浙江大学出版社的支持下,我们组织编写了这套适合高等教育本科院校化学、化学工程与工艺、制药工程、环境工程、生物工程、材料科学与工程、高分子材料与工程、精细化学品生产技术和科学教育等专业使用的系列实验教材。

本系列实验教材以国家教学指导委员会提出的《普通高等学校本科化学专业规范》中的"化学专业实验教学基本内容"为依据,按照应用型本科院校对人才素质和能力的培养要求,以培养应用型、创新型人才为目标,结合各专业特点,参阅相关教材及大多数高等院校的实验条件编写。编写时注重实验教材的独立性、系统性、逻辑性,力求将实验基本理论、基础知识和基本技能进行系统的整合,以利于构建全面、系统、完整、精练的实验课程教学体系和内容。在具体实验项目选择上除注意单元操作技术和安排部分综合实验外,更加注重实验在化工、制药、能源、材料、信息、环境及生命科学等领域的应用,以及与生产生活实际的结合;同时注重实验习题的编写,以体现习题的多样性、新颖性,充分发挥其在巩固知识和拓展思维方面的多种功能。部分教材在传统纸质教材的基础上,以二维码形式插入了丰富的操作视频、案例视频等数字资源,推出纸质和数字资源深度融合的"新形态"教材,增强了教材的表现力和吸引力,增加了学习的指导性和便捷性。

台州学院医药化工学院

前　言

2016 年，我国成为《华盛顿协议》正式成员后，工程教育认证标准成为我国高等院校本科层次工科人才培养的指南。2018 年，教育部颁布了《普通高等学校本科专业类教学质量国家标准》，倡导工科专业向"新工科"发展，尤其是突出实践性教学环节，要求学生具备扎实的理论基础和解决复杂工程技术问题的能力。

制药工程专业是一个以培养从事药品制造工程技术人才为目标的化学、药学和工程学交叉的工科专业，其任务是培养能适应我国现代化建设需要，具备化学、药学和工程学基础、制药工程专业知识和从事药品及其他化学品的技术开发与工程设计能力，在工程应用研究等方面具有良好的开拓精神、创新意识和实践能力的研究开发型与技术应用型工程技术人才。毕业生可在科研院所、设计院、高等院校和制药及相关企业从事创业、产品开发、工程设计、教学研究、科学管理及技术服务等工作。制药工程专业在人才培养目标方面强调学生具有较强的工程实践、工艺设计和创新意识，以及综合运用所学知识和使用现代工具分析与解决复杂制药工程问题的能力。

结合地方性高等院校的办学特点和台州学院在制药工程领域多年的办学经验，我们编写了《制药工程专业技能拓展训练》一书，供制药工程专业二、三、四年级本科生使用，也可供生物制药、药学、化工、化学类专业和相关技术人员学习与参考。本书的实验内容涉及制药工程基础课、专业基础课和专业课，包括有机化学、药物化学、药物合成反应、天然药物化学、药剂学、药物分析、制药工艺学、药物分离工程等课程内容，强调学生对基础及专业知识的综合运用与实践，从而建立对药品生产过程的感性和理性认识。

本书以习近平新时代中国特色社会主义思想和党的二十大精神为指导，以落实立德树人为根本任务，全面贯彻价值塑造、知识传播和能力培养的育人理念，充分体现制药工程专业的教学特色和教材的实用性，内容适量，重点突

出,强调了化学、药学和工程学的融合。本书紧密结合地方高校学生的特点,在精选教学内容的基础上,力求体现以下特点:

(1)实验内容涵盖面广,涉及制药工程专业所有的专业实验和综合实验,包括药物化学实验、药物分离实验、药物分析实验、药物制剂实验和中试实验,系统性强。

(2)体系编排新颖,普通实验和拓展实验紧密结合。实验项目编排符合教学规律,做到由浅到深,循序渐进,层次分明。

(3)体现以学生为主体的教学思想,培养学生的学习能力、团队合作能力、创新能力和解决复杂问题的能力。

参加各章编写的老师如下:

第一章(总论):陈婷婷、沈健芬;

第二章(药物化学实验):刘宏强、沈健芬;

第三章(药物分离实验):顾霞敏、施伟;

第四章(药物分析实验):沈健芬、曹冬冬、俞悦;

第五章(药物制剂实验):许海丹、陈立、田厚宽;

第六章(中试实验):洪志、李宗阳。

向本书中引用到的文献的作者致意。感谢台州学院医药化工学院对本书编写的大力支持。学校不但在教材编写方面给予鼓励,而且为本书中各实验的编写和教学验证提供了教学实践场地和实验经费。感谢本校药物化学、药物制剂、制药工程与工艺教学团队的大力支持,感谢浙江乐普药业股份有限公司的大力支持。

由于编者水平有限,书中疏漏之处在所难免,希望行业专家和广大读者不吝赐教,批评指正。

编者

目　录

第一章 总 论

一、制药工程专业技能拓展训练的课程目的与要求

(一)制药工程专业技能拓展训练的目的与意义

制药工程专业以药学、工程学、化学和生物技术为基础,通过研究化学或生物反应、分离等单元操作,探索药物制备的基本原理及实现工业化生产的工程技术,降低成本、提高效率,最终实现药品"安全、有效、稳定、可控"的规模化生产过程的规范化管理。为促进教育链、人才链和产业链的有机结合,实现企业技术创新需求与学校人才培养模式同步、理论学习与实践同步、学校培养与企业培训同步,促进学生的岗位适应能力,并进一步得到用人单位的认可,在学生掌握了有机化学、药物化学、药物分析、药剂学、制药工艺学、制药分离工程、制药设备与车间设计等课程的基础上,分阶段、分步骤从第三学期开始开设相应的专业技能拓展训练项目非常有必要。具体内容如下:

药物化学模块:着重培养学生综合运用各种化学实验技术和学科基础知识的能力,实事求是的科学态度和独立工作、独立思考的能力。通过实验训练,使学生正确掌握药物合成实验的基本操作技能技巧,学会典型药物及中间体的制备、分离与表征方法,加深对课程基本原理和基础知识的理解和掌握;学会正确观察化学反应现象以及数据处理方法,初步具备在教师指导下查阅文献、自主拟定实验方案、分析和解决问题、制作 PPT 及撰写实验报告的能力,为全面提高学生的科研能力奠定良好基础。

药物分离模块:着重培养学生对所学专业知识的综合运用与实践能力。通过实验,用分离纯化的手段来制备药物,使学生掌握一些必要的药物分离制备技术、检测方法的原理及基本操作;学习方案的设计并学会将实验方案转变成具有可操作性的实践过程;熟悉数据的采集、记录及分析处理;加深对课程基本原理和基础知识的理解与掌握,并将理论与实践相结合;根据药物种类、特性,选择不同的提取、分离及纯化和定性、定量检测方法;使学生明确分离技术在药物生产中的重要性,对药品生产的基本工艺流程有一个完整的感性和理性认识,为以后相关课程的学习和实践做好准备。

药物分析模块:着重培养学生独立思考和独立工作的能力,以及运用药物分析理论及有关基础与专业知识解决实际问题的初步能力,培养学生具备强烈的药品全面质量控制的观念。通过实验,使学生正确掌握药物分析实验的基本操作技能技巧,加深对课程基本原理和基础知识的理解和掌握;初步具备文献查阅、数据整理及论文撰写等实验研究能力,为以后走上工作岗位奠定扎实的基础。

药物制剂模块:为学生提供药物制剂的制备与相关实验、实训技能的培训,验证、巩固课堂教学的基本理论与知识,掌握各类剂型的特点、制法。通过典型剂型的制备,使学生掌握药物制剂的基本操作技能、质量检查与评定的基本方法,培养学生具有一定分析问题、解决问题和独立工作的能力,为创造新品种、新工艺、新剂型打下基础。

工程中试模块:通过引导学生参与生产操作,帮助学生探究、验证所学的理论知识,发现小试与生产的差异,了解阀门、管道和管件的常用形式及其应用范围,明确制药生产对这些配件的特殊要求,把握主要单元设备的结构、性能、工作原理、作用和特点,初步掌握单元设备的基本操作,熟悉药品生产(从原料到成品)工艺流程,对制药工业的原料、药品的基本制备过程和方法有一个初步的了解。通过教学,培养学生实事求是的科学态度和自主学习的能力,培养学生互助协作的团队精神和开拓进取的创新思维。

(二)制药工程专业技能拓展训练的课程要求

制药工程专业技能拓展训练是培养学生基本操作技能、项目规划能力、自主学习能力、团队合作能力和解决复杂问题能力的重要教学环节。通过有限的教学时数,经过精心安排的实验内容的训练,使学生掌握药物制备的整个过程及质量控制,突出制药工程专业特色及药品生产的特殊性。要求学生珍惜每次实验训练机会,严肃态度,严格要求,在实验训练过程中勤动手、勤思考。

二、实验室安全知识

在实验室进行制药工程专业技能拓展训练时,会频繁地使用以下器材:水、电、气;易燃的溶剂,如乙醚、乙醇、丙酮、甲苯等;易燃易爆的气体,如氢气、氧气等;有毒试剂,如氰化钠、硝基苯、甲醇、某些有机磷试剂、砷化物;有腐蚀性的试剂,如浓硫酸、浓硝酸、浓盐酸、乙酸、氢氧化钠、溴等;大量使用易碎的玻璃仪器,常常使用一些结构复杂的化工设备、大型仪器,有时还会使用高压气体钢瓶。为保证实验人员的安全,确保实验正常进行,在实验过程中,必须严格遵守实验室安全守则。

(一)进出实验室的要求

(1)进入实验室,应着实验服,不得穿拖鞋,长发者应束发。进行具有一定危险性的实验时,应穿戴防护用品,如防护眼镜、防护面具、口罩、手套等。
(2)将与实验无关的随身携带物品置于每层楼道的储物柜中。
(3)严禁将饮用水、食物带入实验室;严禁在实验室内进食、吸烟。
(4)进入实验室后,应尽快熟悉实验室的环境,确定应急箱、冲淋装置、灭火装置的位置,确保应急通道畅通无阻,经指导教师允许后方可进行实验操作。
(5)实验结束后,关闭水、电、气和设备,整理操作台,打扫卫生,清理废弃物,经指导教师允许后方可离开实验室。

(二)实验室操作注意事项

(1)实验开始前,必须认真预习,查阅相关资料,并撰写实验预习报告,理清实验思路,了解实验中使用的药品的理化性质和可能引起的危害及相应的注意事项,做到心中有数、思路清晰,以免实验开始后茫然无措、手忙脚乱。

(2)实验过程中认真操作,仔细观察,联系所学的理论知识,对实验中出现的问题进行分析讨论,及时、如实记录实验相关数据和实验现象。不得擅自离岗,应随时注意实验是否正常,及时排除各种安全隐患。

(3)严格遵守操作规程,特别是称取、量取药品时。在拿取、称量、放回时应进行三次认真核对,以免发生差错。称量任何药品,在操作完毕后均应立即盖好瓶塞,放回原处,凡已取出的药品不能随意倒回原瓶。实验中所用到的化学药品、器材以及实验成品,一律不得随意散失、遗弃,不得擅自带出实验室。

(4)要以严肃认真的科学态度进行操作,如实验失败,应先找出失败的原因,考虑如何改正,再征询指导教师的意见,确定是否需要重做。

(5)不可无故旷课,或相互随意调课。

(三)实验室废弃物的处理

勿将固体废弃物投入水槽,否则易引起水槽堵塞。废弃的强酸、强碱和某些有机溶液会腐蚀下水道,因此也不能直接倒入下水道。实验过程中产生的废水、废气、废渣均应及时妥善处理,以消除或减少对环境的污染。实验室产生的少量毒性较小的气体,可直接排空;若废气量较大或毒性较大,需通过化学方法或物理方法进行处理,如用氢氧化钠水溶液吸收氯化氢气体。

有毒、有害的废液、废渣不可直接倾倒,需收集至指定容器或经处理使其转化为无害物后方可排放。如含硫、磷的有机剧毒农药可先与氧化钙作用,再用碱液处理,使其迅速分解失去毒性;氰化物可用硫代硫酸钠溶液处理;硫酸二甲酯依次用氨水、漂白粉处理;水银可用硫黄处理;含汞或其他重金属离子的废液可用硫化钠处理,使其转化为难溶的氢氧化物、硫化物等。

(四)常见事故的预防和处理

1.防止火灾

实验室中使用或处理易燃试剂时,不得有明火。乙醚、石油醚等低沸点、易挥发、易燃烧的液体,不能用敞口容器盛放,更不能用明火直接加热,而应在回流或蒸馏装置中用水浴或蒸汽浴进行加热。总之,控制意外燃烧的条件,可有效防止火灾。

一旦不慎发生火情,应立即切断电源,迅速移开附近一切可燃物,再根据具体情况,采取适当的灭火措施,将火熄灭。容器内着火,可用石棉网或湿布盖住容器口,使火熄灭;实验室台面或地面小范围着火,可用湿布或沙土覆盖熄灭;电器着火,可用二氧化碳或干粉灭火器灭火;衣服着火时,可用厚外衣淋湿后包裹使其熄灭,严重时可卧地打滚,同时用水冲淋。

2.防止中毒

实验室中,人体的中毒主要是通过呼吸道、皮肤渗透及误食等途径发生的。在进行有毒或有刺激性气体产生的实验时,应在通风橱内操作或用气体吸收装置,并根据需要佩戴口罩、防毒面具等。

避免直接用手接触剧毒品。取用毒性较大的化学试剂时,应佩戴防护眼镜和手套,洒落在桌面或地面的药品应及时清理。沾在皮肤上的有机物应用大量的清水和肥皂洗去,切勿用有机溶剂洗涤,否则会增加化学药品渗入皮肤的速度。沾染过有毒物质的器皿应及时处理或清洗。

实验室内严禁饮食!不得用烧杯、量筒等实验容器盛放食物,也不准用餐具盛放任何药品。

3.防止玻璃割伤

实验中经常接触玻璃仪器,在安装时要特别注意保护其薄弱部位。用铁夹固定仪器时,用力要适当。

发生玻璃割伤后,应先将伤口处玻璃碎片取出,用蒸馏水清洗伤口,贴上创可贴。伤口较大或割伤主血管,应用力按压主血管或在伤口上部 10cm 处用纱布扎紧,减慢流血,并立即送医院救治。

4.实验室受伤的应急处理

强酸灼伤:先用大量清水彻底冲洗,然后擦拭碱性药物。

强碱灼伤:先用大量流水冲洗至皂样物质消失,然后用 1%～2% 乙酸或 3% 硼酸进一步冲洗。

小面积烧伤、烫伤:用冷水冲洗 30min 以上,然后用烧伤膏药涂抹。一般不要弄破水疱。

大面积烧伤、烫伤:必须用湿毛巾、湿布、湿棉被覆盖后立即送医院处理。

三、实验室一般知识

(一)玻璃仪器的洗涤

玻璃仪器的洗涤是每个实验人员必须掌握的一项基本操作技能。玻璃仪器是否洗净,对实验结果有很大的影响。玻璃仪器的洗净标准是洗净后的玻璃仪器倒置时水沿壁自然流下,玻璃壁均匀湿润且无条纹和水珠。洗涤的一般方法是用水、合成洗涤剂刷洗;难以洗净时,可根据污迹的性质选用适当的洗液进行洗涤。另外,根据玻璃仪器的不同、污染物的不同和实验要求的不同,洗涤时采用的方法也应有所不同。

对于常用的烧瓶、烧杯、锥形瓶等一般玻璃器皿的洗涤,可先用自来水冲洗可溶性物质,并用毛刷刷去表面黏附的尘土,再用毛刷蘸去污粉或合成洗涤粉刷洗,然后用自来水洗净,最后用蒸馏水(或去离子水)润洗三次。

对于与计量有关的玻璃仪器(如量瓶、移液管、吸量管、滴定管等),不能用毛刷洗刷。洗涤移液管、滴定管这种尺寸较大的计量玻璃仪器时可先用铬酸洗液浸泡,后用自来水冲洗,再用蒸馏水(或去离子水)润洗三次,直到洗净为止。该方法比较实用,但同时要注意洗液的回收,减少对环境的污染。对量瓶、吸量管等较小仪器进行洗涤时可将其浸于温热的洗涤剂水溶液中,在超声波清洗机中超洗数分钟,再用自来水冲洗,最后用蒸馏水(或去离子水)润洗三次,直到洗净为止。

实验结束后应及时洗涤实验用过的玻璃仪器,切不可盲目地将各种试剂混合做洗涤剂使用,也不可任意使用各种试剂来洗涤玻璃仪器,否则不仅浪费药品,而且容易出现危险。

(二)容量仪器的校正

滴定管、移液管和量瓶是药物分析实验中常用的玻璃量器,都具有刻度和标称容量。容量仪器的实际容量与标称容量并不完全一致,允许存在一定的误差。容量仪器在生产过程中已经检定,其所刻容积有一定的准确度,基本可以满足一般分析工作的要求,无须校正;但在准确度要求较高的分析测试中,对容量仪器进行校正是完全有必要的。

校正的方法有称量法和相对校准法。称量法是用分析天平称量被校量器中量入或量出的纯水质量 m,再根据纯水的密度 ρ 计算出被较量器的实际容量。

由于玻璃的热胀冷缩,所以在不同温度下,量器的容积也不同。因此,规定使用玻璃量器的标准温度为 20℃。各种量器上标出的刻度和容量,称为在标准温度 20℃时量器的标称容量。但是,在实际校正工作中,容器中水的质量是在室温下和空气中称量的。因此必须考虑如下三方面的影响:

(1)由于空气浮力使质量改变的校正;

(2)由于水的密度随温度而改变的校正;

(3)由于玻璃容器本身容积随温度而改变的校正。

校正不当和使用不当都是产生误差的主要原因。校正时必须仔细、正确地进行操作,使校正误差减至最小。待校正的仪器检定前需进行清洗,器壁上不应有挂水等现象,使液面与器壁接触处形成正常弯月面。滴定管、移液管不必干燥,量瓶必须干燥。凡要使用校正值的,其校正次数不得少于 2 次。两次校正数据的偏差应不超过该容器容积所允许偏差的 1/4,以平均值为校正结果。

(三)电子天平的使用

电子天平是实验室必不可少的计量器具,它的准确度直接影响到实验结果的准确性。因此,电子天平在使用过程中应注意正确的操作方法。

(1)使用电子天平前一定要仔细阅读说明书,认真了解天平的精度和称量范围是否满足称量的要求。不要在天平上加载重量超过其称量范围的物体,绝不能用手压秤盘或使天平跌落地下,以免损坏天平或使重力传感器的性能发生变化。

(2)天平开机前,应观察天平水平仪内的水泡是否位于圆环的中央,若有偏移,可通过天平的地脚螺栓调节。移动电子天平或其他方面的环境变化,都需要对天平的水平进行调整,避免称量结果不准确。

(3)天平在初次接通电源或长时间断电后开机时,一般要进行 30min 以上预热,而且天平精度越高,预热时间应越长。预热是保证电子天平测量准确的一项重要因素。因此,实验室电子天平在不用时按 ON/OFF 键关机即可,不要经常切断电源,这样做可以使天平始终保持在稳定的状态。

（4）电子天平在开始安装、变换工作场所、称量环境温度发生变化及每天称量样品前，都需要进行校准。可按照电子天平说明书上介绍的方法用标准砝码进行校准。

（5）称量时按下开机键，接通显示器，等待仪器自检；当显示器显示零时，自检过程结束；放置称量纸，待计数稳定后按去皮键，显示器显示零后开始称量。称量完毕，按清零键，显示器显示零时，按关机键关断显示器。使用电子天平称量样品，应避免使用滤纸、塑料仪器或玻璃仪器作称量容器，以免加大静电干扰。

（6）在使用电子天平进行称量时，应及时关闭防风罩，防止空气对流对称量结果产生影响。数值稳定之后再读数。

（7）电子天平应保持内部清洁，使用后应及时清扫天平内外（切勿扫入中央传感器孔），可用绸布或无水乙醇及少许肥皂水清理秤盘及天平室内，切勿采用强烈的溶剂进行清洗；还应定期用无水乙醇擦洗防风罩，以保证天平的玻璃门能够正常开关。

（四）有效数字的修约

有效数字的最后一位数字的值是不确定的，称为可疑数字，有正负一个单位的误差。在实验数据记录和结果的报告中，保留几位有效数字不是任意的，要以测量仪器、分析方法可能达到的准确度为依据来确定有效数字的位数和取舍。因此对于各种分析仪器的准确度应十分清楚，比如滴定管和移液管的数据应记录至0.01ml（最后一位数字为估读，即可疑数字）；量瓶的数据应记录至0.1ml。

有效数字的位数确定之后，其可疑数字后面的数字按"四舍六入五成双"规则取舍。其取舍方法是，凡可疑数字的后面一位数字大于5（指6、7、8、9）以及5以后还有数字，则在其前一位上增加1；若小于5（指4、3、2、1），则舍去不计。当可疑数字后面一位数字恰为5时，要视5之前的数字是奇数还是偶数而定，若前一位数字为奇数，则在其前一位上增加1，是偶数，则舍去不计。

例如，要修约为四位有效数字时：

可疑数字后面一位<5时舍，如：0.12344→0.1234；

可疑数字后面一位>5时入，如：0.98766→0.9877；

可疑数字后面一位=5时，若后面数为0，采用5之前的数字"奇进偶舍"规则，"舍5成双"，如：10.2350→10.24，10.2650→10.26；若5后面还有不是0的任何数，皆入，如：10.2650001→10.27。

在计算过程中一般采用先计算后修约的计算方法。

在加减法运算中，结果以绝对误差最大的数为准，即以小数点后位数最少的数为准，确定有效数字中小数点后的位数，如：4.1234+21.54+0.369=26.0324→26.03。

在乘除运算中，有效数字的位数取决于相对误差最大的数据，即有效数字的位数与有效数字位数最少的数据相同，如：0.0121×25.66×1.0578=0.328432→0.328。

四、实验预习、记录与报告

（一）实验预习

充分的预习是做好实验的前提和保障。学生进行实验之前必须仔细阅读实验内容，领会实验原理，了解有关实验步骤，理清实验思路。此外，还需了解所用仪器的使用方法，查阅所用试剂的性质和可能引起的危害及相关注意事项。在此基础上制订实验计划并按要求撰写实验预习报告。

（二）实验记录

实验记录应记录在专用的数据记录纸上。所有观察到的现象、实验时间、原始数据、操作和处理方法均须及时、准确并清晰地记录下来。记录数据时要实事求是，要有严谨的科学态度，切忌夹杂主观因素，更不允许拼凑和伪造数据。

记录的数据须整洁、简明扼要，可采用列表法。若发现数据记录或计算有误，不得随意涂改，可将错误数据用横线划掉，同时在上方写上正确的数据，并签名。

记录实验数据时，应注意数据的有效数字位数。如用分析天平称量的数据要求记录至 0.0001g；滴定管、移液管的读数需记录至 0.01ml。实验中的每个数据都是一次测量的结果，实验失败的数据也必须真实记录。使用的仪器和设备名称、型号也应一并记录下来。

实验结束时，实验数据记录纸应交给指导教师审阅并签字；使用大型仪器或特殊仪器后需在仪器使用登记本上记录使用时间及仪器运行状况等数据，经指导教师同意后方可离开实验室。

（三）实验报告

实验结束后应及时完成实验报告。实验报告应书写规范，并根据实验结果得出明确的结论。具体内容一般应包括以下几方面：

(1)实验目的：阐明实验所要证实的论点或要研究的内容。

(2)实验原理：简要地用文字或化学反应式说明。一些特殊仪器的实验装置，须画出实验装置图。

(3)实验试剂与仪器：列出实验中使用的主要试剂和仪器。

(4)实验步骤：简明扼要地写出主要的实验步骤，可使用简单明了的流程图。

(5)数据记录与处理：应用表格、图形、文字将数据表示出来，并根据实验要求通过计算公式得出分析结果。

(6)讨论与结论：对实验现象、结果以及误差原因等进行分析和讨论，提出实验的改进措施或设想，完成实验教材上的思考题。

第二章 药物化学实验

实验一 苯佐卡因的合成

一、实验目的

1. 熟练掌握蒸馏、抽滤、回流、洗涤、干燥、熔点测定等基本操作；
2. 了解酯化反应的特点及反应条件。

二、实验原理

三、实验试剂与仪器

1. 实验试剂

对氨基苯甲酸,95％乙醇,浓硫酸,10％碳酸钠溶液,乙醚,无水硫酸镁。

2. 实验仪器

100ml 烧杯,分液漏斗,温度计,100ml 圆底烧瓶,直形冷凝管,蒸发皿,抽滤装置,锥形瓶,滤纸等。

四、实验内容与步骤

在 100ml 圆底烧瓶中,加入 2g 对氨基苯甲酸和 95％乙醇 25ml,振摇烧瓶使大部分固体溶解。将烧瓶置于冰水浴中冷却,加入 2ml 浓硫酸,立即产生大量沉淀(在接下来的回流中沉淀将逐渐溶解),将反应混合物在水浴中搅拌、回流 1h。

将反应混合物转入烧杯中,冷却后分批加入 10％碳酸钠溶液中和(约需 12ml),可观察到有气体逸出,并产生泡沫,直至加入碳酸钠溶液后无明显气体释放。反应混合物接近中性时,检查溶液的 pH 值,再加入少量碳酸钠溶液至 pH 值为 9 左右。在中和过程中会产生少量固体沉淀。将溶液倾倒入分液漏斗中,并用少量乙醚洗涤固体,然后将洗涤液转移至分液漏斗中。向分液漏斗中加入 40ml 乙醚萃取,振摇后分出醚层。经无水硫酸镁干燥后,浓缩溶液,蒸出乙醚和大部分乙醇至残留油状物约为 2ml。残留物用乙醇-水重结晶,计算收率,测定熔点(纯品的熔点为 91～92℃)。

五、注意事项

1. 反应混合物须先行冷却,然后再分批加入 10％碳酸钠溶液中和。
2. 加少量碳酸钠溶液至 pH 值为 9 左右,切忌过量。
3. 测熔点时物质要干燥。

六、思考题

1. 反应中加入浓硫酸的目的是什么?
2. 在操作中为什么要蒸出部分乙醇?
3. 后处理中加入碳酸钠溶液的作用是什么?

实验二　维生素 B$_3$ 的制备

一、实验目的

1. 掌握高锰酸钾对芳烃的氧化原理及实验方法;
2. 熟悉酸碱两性有机化合物的分离纯化技术;
3. 了解维生素 B$_3$ 的合成路线。

二、实验原理

维生素 B$_3$ 又名烟酸,可以由喹啉经氧化、脱羧合成,但合成路线长,且所用的试剂为具腐蚀性的强酸。本实验通过 3-甲基吡啶的氧化反应来制取。

合成路线如下：

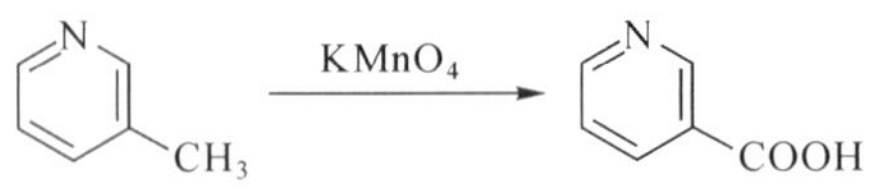

三、实验试剂与仪器

1.实验试剂

3-甲基吡啶,高锰酸钾,浓盐酸,蒸馏水等。

2.实验仪器

球形冷凝管,三口烧瓶,尾接管,布氏漏斗,抽滤瓶,圆底烧瓶,温度计,温度计套管,恒温磁力搅拌器等。

四、实验内容与步骤

1.粗制

在配有回流冷凝管、温度计和搅拌子的三口烧瓶中,加入 3-甲基吡啶 5g、蒸馏水 200ml,水浴加热至 85℃。分批加入高锰酸钾 21g,控制反应温度在 85～90℃。加毕,继续搅拌反应 1h 后停止反应,改为常压蒸馏装置,蒸出水及未反应的 3-甲基吡啶,至馏出液不显浑浊,约蒸出 130ml 水,停止蒸馏。趁热过滤,用 12ml 沸水分三次洗涤滤饼(二氧化锰),弃去滤饼,合并滤液与洗液,得烟酸钾水溶液。

将烟酸钾水溶液转移至 500ml 烧杯中,用滴管滴加浓盐酸,调节 pH 值至 3～4(维生素 B_3 等电点的 pH 值约为 3.4),冷却结晶,过滤,抽干,得维生素 B_3 粗品。

2.精制

将粗品转移至 250ml 圆底烧瓶中,加粗品 5 倍量的蒸馏水,水浴加热,轻轻振摇使溶解,稍冷,加活性炭适量,加热至沸腾,脱色 10min,趁热过滤,慢慢冷却结晶,过滤,滤饼用少量冷水洗涤,抽干,干燥,得无色针状结晶维生素 B_3 纯品(熔点为 236～239℃)。

五、注意事项

1.高锰酸钾应分批加入。
2.测熔点时待测物质要事先干燥。
3.用精密 pH 试纸测定 pH 值。

六、思考题

1.若氧化反应进行完全,反应液呈什么颜色?
2.能否加入乙醇以除去剩余的高锰酸钾,为什么?
3.在后处理过程中,为什么要将 pH 值调至维生素 B_3 的等电点?

4.在精制过程中为什么要强调缓慢冷却结晶处理？冷却速度过快会造成什么后果？

5.如果在产物中尚含有少量氯化钾,如何除去？试拟订分离纯化方案。

实验三　磺胺醋酰钠的合成

一、实验目的

1.了解药物合成中控制 pH、温度等反应条件的重要性；

2.熟悉磺胺类药物的一般理化性质；

3.掌握氨基酰化反应、水解反应、产品纯化过程中的成盐反应等药物合成反应的基本操作。

二、实验原理

磺胺醋酰钠用于治疗结膜炎、角膜炎、沙眼及其他敏感菌引起的眼部感染。磺胺醋酰钠化学名为 *N*-[(4-氨基苯基)-磺酰基]-乙酰胺钠水合物,化学结构式为：

磺胺醋酰钠为白色结晶性粉末,无臭,易溶于水,微溶于乙醇、丙酮。其合成路线如下：

三、实验试剂与仪器

1.实验试剂

磺胺,20％氢氧化钠溶液,40％氢氧化钠溶液,乙酸酐,浓盐酸,10％盐酸,硫酸铜试液。

2.实验仪器

搅拌器,电热套,升降台,温度计,球形冷凝管,三口烧瓶,抽滤瓶及其他必要玻璃仪器。

四、实验内容与步骤

1.磺胺醋酰的制备

在装有电动搅拌棒、冷凝管和温度计的 100ml 三口烧瓶中,依次加入磺胺 17.2g,20％氢氧化钠溶液 22ml,开动搅拌,加热逐渐升温至 50℃左右。待磺胺溶解后,滴加乙酸酐 13.6ml,每秒 1 滴,每 10 滴检查 pH 值 1 次,保持 pH 值为 12.0～13.0,若低于 12,立即停止滴加乙酸酐,并补加 40％氢氧化钠溶液 1ml,保温 10min,再继续滴加乙酸酐。以上过程重复进行至乙酸酐滴完,检查反应液 pH 值,保持 pH 值为 12.0～13.0。加料完毕,继续保持 50～60℃搅拌反应 1h。反应完毕,停止搅拌,将反应液倾入 200ml 烧杯中,加水 20ml 稀释,于冷水浴中用浓盐酸调 pH 值为 7.0,搅拌至固体完全析出(约 10～30min),抽滤除去固体(磺胺)。滤液倒入烧杯,继续用浓盐酸调 pH 值为 4.0～5.0,抽滤,压干,得白色粉末粗品(磺胺醋酰与双乙酰磺胺)。

2.磺胺醋酰的精制

在烧杯中,用 3 倍量(每克粉末粗品加 3ml 盐酸)10％盐酸溶解白色粉末粗品,搅拌 30min,尽量使磺胺醋酰变成盐酸盐溶解,抽滤除去不溶物(双乙酰磺胺)。滤液加少量活性炭,室温脱色 10min,抽滤。滤液用 40％氢氧化钠溶液调 pH 值为 5.0,析出磺胺醋酰,抽滤,压干,干燥,测熔点(熔点为 179～184℃),称重。若熔点不合格(如偏低),可用 10 倍量热水(90℃)溶解,趁热抽滤,冷却结晶,抽滤,压干,得精制产品。

3.磺胺醋酰成盐

在 100ml 烧杯中,加入 NaOH 和无水乙醇(NaOH 用量按磺胺醋酰与 NaOH 物质的量比 1∶1 加入,乙醇用量按 1g NaOH/25ml 无水乙醇加入),搅拌均匀后,再加入磺胺醋酰,搅拌至形成白色均匀糊状物,碾碎任何固体硬块,pH 值应为 7.0～8.0,若偏酸可再加少量 NaOH 搅拌至 pH 值为 7.0～8.0,抽滤,压干,烘干,计算收率。

4.磺胺醋酰钠的质量分析

(1)性状:本品为白色结晶性粉末,无臭。本品在水中易溶,在乙醇中略溶。

(2)鉴别:

①取本品约 0.1g,加水 3ml 溶解后,加硫酸铜试液 5 滴,即生成蓝绿色沉淀。

②本品的红外吸收图谱应与对照品图谱一致。

③上述鉴别①项下的滤液,显钠盐的鉴别反应。

(3)检查:

①碱度:取本品0.5g,加水10ml溶解后,依法测定[《中华人民共和国药典(2020版)》(以下简称《中国药典》)通则0631],pH值应为8.0～9.5。

②溶液的澄清度与颜色:取本品2.0g,加水10ml溶解后,溶液应澄清无色,如显色,与对照液(取黄色3号标准比色液5ml,加水至10ml)比较,不得更深。

③有关物质:取本品,加水溶解制成每1ml中约含0.10g的溶液,作为供试品溶液;取磺胺对照品,加水溶解制成每1ml中约含0.50mg的溶液,作为对照品溶液(a);取磺胺对照品,加水溶解制成每1ml中约含0.25mg的溶液,作为对照品溶液(b)。照薄层色谱法试验,吸取上述溶液各5μl,分别点于同一硅胶G薄层板上,以正丁醇-无水乙醇-水-浓氨溶液(1∶5∶5∶2)为展开剂,展开,晾干,置于紫外灯下立即检视。供试品溶液如果显示出与对照品溶液相应的杂质斑点,其颜色与对照品溶液(b)的主斑点比较,不得更深(0.25%);其他杂质斑点应不深于对照品溶液(a)的主斑点(0.5%)。

④水分:取本品,照水分测定法(《中国药典》通则0832第一法1)测定,含水量应为6.0%～8.0%。

⑤重金属:取本品1.0g,依法检查(《中国药典》通则0821第三法),含重金属不得过百万分之十。

(4)含量测定:取本品约0.3g,精密称定,加纯化水20ml,甲基橙-亚甲蓝混合指示液2滴,用0.1mol/L盐酸滴定液滴定至显蓝色,每1ml盐酸滴定液(0.1mol/L)相当于25～42mg的$C_8H_9N_2NaO_3S \cdot H_2O$。

五、注意事项

1.在制备中,先将磺胺加氢氧化钠成盐后,再进行乙酰化反应,其目的是更有利于提高磺胺醋酰的产量。因此,在反应过程中交替加料很重要,应先加入碱液,以使反应液始终保持一定的pH(pH值保持在12.0～13.0为宜)。

2.酰化反应中碱性过强的结果是产生磺胺钠盐较多,磺胺醋酰钠盐次之,双乙酰物较少;碱性过弱的结果是产生双乙酰物较多,磺胺醋酰钠盐次之,磺胺钠盐较少。

3.按实验步骤严格控制每步反应中的pH,可用精密pH试纸测量,以利于除去杂质。

六、结果与讨论

1.计算磺胺醋酰钠的产率。

2.讨论影响磺胺醋酰钠产率的因素。

七、思考题

1.在制备磺胺醋酰的过程中,应交替加入乙酸酐和氢氧化钠溶液,如不准确控制两者的比例,对结果有何影响?

2. 本反应中主要的副产物有哪些？如何尽量避免副产物的生成？

3. 在产品纯化过程中,主要通过什么方法除去副产物？

4. 在处理酰化液的过程中,pH 值为 7.0 时析出的固体是什么？pH 值为 5.0 时析出的固体是什么？10% 盐酸中的不溶物是什么？

5. 本次实验遇到了哪些问题,是如何解决的？本次实验是否成功,成功的经验是什么？若实验失败,原因在哪里？

实验四　布洛芬的制备

一、实验目的

1. 通过布洛芬的制备,了解药物合成反应的特点;

2. 掌握 Friedel-Crafts 酰基化反应、Wittig-Hornor 反应、Curtius 重排、水解和氧化反应的原理及基本操作;

3. 复习回流装置、蒸馏装置、萃取分离装置;

4. 了解影响本反应的因素。

二、实验原理

布洛芬是一种常用的 OTC 类非甾体抗炎药,因其抗炎、解热、镇痛效果好,不良反应小,在临床上广泛用于治疗头痛、神经痛、风湿性关节炎和类风湿关节炎等疾病。布洛芬的合成方法文献报道较多,但目前已实现工业化的只有 BHC 法和 Boots 法两种。国外大多采用先进的绿色生产工艺 BHC 法,即以异丁基苯为原料,通过 Friedel-Crafts 酰基化反应生成异丁基苯乙酮,经氢化还原成醇,然后在 Pd 催化下与 CO 反应生成布洛芬。该法具有步骤短、污染少、原料利用率高等特点,但存在贵金属催化剂 Pd 分离和回收困难等问题,而且对工艺设备和技术要求很高。国内普遍采用传统的 Boots 法:从异丁基苯出发,通过 1,2-芳基转位重排法进行生产,但其中 Darzens 缩合收率较低,能耗较大,生产中产生大量无机盐,另外还存在精制烦琐、成本较高、污染较重等问题。本实验采用的合成路线如下:

三、实验试剂与仪器

1. 实验试剂

异丁基苯,三氯化铝,二氯甲烷,乙酸酐,磷酰基乙酸三乙酯,四氢呋喃,氢化钠,乙醇,叠氮化钠,氢氧化钠,氯化亚砜,无水乙醇,四丁基溴化铵,环己酮,无水硫酸镁,乙酸乙酯,四氯化碳,双氧水等。

2. 实验仪器

回流冷凝管,三口烧瓶,温度计,温度计套管,布氏漏斗,抽滤瓶,分液漏斗,量筒,天平,烘箱,磁力搅拌器等。

四、实验内容与步骤

1. 对异丁基苯乙酮的合成

向反应瓶中加入 30g(0.22mol)异丁基苯、71.53g(0.54mol)三氯化铝和 250ml 二氯甲烷,冰水浴搅拌下滴加 27.38g(0.27mol)乙酸酐,并于低温搅拌下反应 1h。将反应液倾入 500ml 冰水中,静置分层,水层用二氯甲烷(100ml×2)萃取,合并有机层,用无水硫酸镁干燥,过滤,减压浓缩,得到淡黄色油状物,产品无须纯化,直接用于下一步反应。

2. 3-(4-异丁基苯基)丁-2-烯酸的合成

向反应瓶中加入 58.31g(0.26mol)磷酰基乙酸三乙酯和 200ml 四氢呋喃,低温下缓慢加入 13g(0.33mol)质量分数为 60%的氢化钠,待气泡消失后,加入上述黄色油状物,升温至 65℃,搅拌反应 2h。反应完毕,蒸除溶剂,加水溶解,用乙酸乙酯(200ml×3)萃取,干燥有机层,减压浓缩,得到浅黄色油状物 52.3g。将此油状物溶于 350ml 乙醇,加入 16.82g(0.42mol)氢氧化钠,升温回流 5min,冷却,析出白色固体 49.1g。过滤,滤饼加水溶解,调 pH 值为 2.0~3.0,用二氯甲烷(200ml×3)萃取,合并有机层,干燥,减压浓缩得到类白色粉末状固体 44.7g。所得固体粗品用甲醇-水混合溶剂体系进行重结晶,得白色晶体 3-(4-异丁基苯基)丁-2-烯酸。

3. 2-(4-异丁基苯基)丙醛的合成

将 24.28g(0.20mol)氯化亚砜加入 3-(4-异丁基苯基)丁-2-烯酸的四氯化碳(150ml)溶液中,于 35℃下搅拌 0.5h,冷却至室温,加入 6.5g(0.02mol)四丁基溴化铵和 13.27g(0.20mol)叠氮化钠的水溶液,搅拌反应 0.5h,然后升温回流 1.5h。冷却,静置分层,减

第二章 药物化学实验

压蒸馏得到黄色油状物 35.5g,产品无须纯化,直接用于下一步反应。

4.布洛芬的合成

向反应瓶中加入上述黄色油状物及 0.54g(2mmol)四丁基溴化铵和 100ml 环己酮,于 70℃下 4h 内滴加 41g(0.36mol)质量分数为 30% 的双氧水,滴加完毕继续反应 8h。冷却至室温,静置分层,有机相减压蒸馏回收溶剂,得到淡黄色固体,用乙醇-水重结晶,得到白色结晶性布洛芬,熔点 74.5～76.0℃。

五、注意事项

1.无水三氯化铝极易吸潮,与空气中的水反应,放出氯化氢。如果吸入无水三氯化铝或接触眼睛和皮肤会造成刺激。

2.乙酸酐有强烈的乙酸气味,有吸湿性、催泪性、腐蚀性,取用时应有防护措施,且在通风橱中操作。

3.氯化亚砜为发烟液体,有强烈刺激性气味,遇水分解。

实验五　盐酸金刚乙胺的合成

一、实验目的

1.掌握抗病毒药物金刚乙胺的合成方法;

2.掌握溴化、乙酰化、酰胺化和水解反应的方法;

3.了解影响本反应的因素。

二、实验原理

盐酸金刚乙胺,化学名为 α-甲基三环[3.3.1.1]癸烷-1-甲胺盐酸盐,由美国 Bristol-Myers Squibb 公司研发,1987 年在法国上市,1993 年美国食品药品管理局(FDA)批准将其用于预防和治疗流感病毒,其疗效优于金刚烷胺,在临床上也用于治疗突然的剧痛和麻疹,其特点是吸收快、完全、毒副作用小。

目前,盐酸金刚乙胺的合成主要有以金刚烷和金刚烷甲酸为起始原料的两种方法。用 1-金刚烷甲酸经酰氯化得到 1-金刚烷甲酰氯,再与丙二酸二乙酯乙氧基镁反应生成金刚烷甲酰丙二酸二乙酯,经酸水解脱羧一步生成酮,继而与盐酸羟胺生成肟,催化氢化,与盐酸成盐得到盐酸金刚乙胺,此路线耗时长、成本高。本实验选用金刚烷为原料,先制备溴代金刚烷,再与乙炔反应制得乙酰金刚烷,经酰胺化还原、水解得产物,总收率可达

30％以上。其合成路线如下：

$$AdH \longrightarrow AdBr \xrightarrow{H_2SO_4} Ad\overset{\overset{\displaystyle O}{\|}}{C}CH_3 \xrightarrow{HCONH_2} Ad\overset{\overset{\displaystyle NCHO}{\|}}{C}CH_3$$

$$\xrightarrow{HCl} \quad \underset{NH_2 \cdot HCl}{\text{（金刚烷基结构式）}} \qquad Ad= \text{（金刚烷基结构式）}$$

三、实验试剂与仪器

1.实验试剂

金刚烷,液溴,亚硫酸氢钠,甲醇,98％硫酸,正己烷,乙炔气体,石油醚,甲酰胺,甲苯,浓盐酸,无水乙醇等。

2.实验仪器

回流冷凝管,三口烧瓶,四口烧瓶,分液漏斗,量筒,天平,烘箱,磁力搅拌器等。

四、实验内容与步骤

1.1-溴金刚烷的制备

在装有磁力搅拌子、温度计和回流冷凝管的 250ml 三口烧瓶中,依次加入金刚烷(32g,0.235mol)、液溴(23.5ml,0.46mol)。缓慢升温至 65℃,反应 2h,在 80～90℃反应4h,最后在 110～115℃反应 3h。反应完毕后蒸馏回收溴 3.0ml,再用 20ml 饱和亚硫酸氢钠溶液还原未反应的溴,过滤,滤饼用水洗至中性,干燥,即得 1-溴金刚烷粗品,用甲醇重结晶后得到浅黄色晶体(92.5％,熔点 117～118℃)。

2.1-乙酰金刚烷的制备

在装有磁力搅拌子、干燥管、温度计和导气管的 250ml 四口烧瓶中,加入 98％硫酸100ml,冰浴冷却至 5℃,加入含 1-溴金刚烷(4.3g,0.02mol)的正己烷溶液 12ml,导入干燥的乙炔气体,反应 5h。反应结束后将反应液慢慢倒入冰水中,得棕黄色溶液。用石油醚萃取反应液,萃取液经水洗、无水硫酸镁干燥,蒸去石油醚,得 1-乙酰金刚烷粗品。

3.盐酸金刚乙胺的制备

在反应瓶中,加入 1-乙酰金刚烷粗品和甲酰胺 4g(0.09mol),在 160～180℃反应 5h。待冷却至室温,倒入 2 倍反应体积的水中,静置,分离黄色油状物[1-金刚烷基-1-(甲酰胺基)乙烷],水层用甲苯(50ml×4)提取。合并有机层,减压蒸馏除去甲苯,残余物用于水解反应。

在上述残余物中加入浓盐酸 10ml,加热至 105℃,回流 3h。冷却后析出白色的盐酸金刚乙胺,母液浓缩后又析出盐酸金刚乙胺粗品,收集合并,用乙醚洗涤,无水乙醇重结晶得到盐酸金刚乙胺(熔点为 363.5～367.0℃)。

第二章 药物化学实验

五、注意事项

1.乙炔为极易燃气体,实验应在通风橱中进行。

2.实验室一般使用乙炔气瓶为乙炔源,乙炔气瓶的管理使用应严格执行实验室易燃易爆气体的安全操作规程。

3.浓盐酸的取用应有防护措施,且在通风橱中操作。

拓展项目一　苯甲酸酯类化合物的合成

任务一、文献查阅

目标 1.酯的合成方法

查阅相关论文和参考书,了解酯类化合物的性质及常见的制备方法,并比较这些合成方法的优缺点。

目标 2.苯甲酸酯类化合物的合成

查阅以苯甲酸衍生物为原料合成苯甲酸酯类化合物的方法,并充分了解原料的性质及相关参数,为实验方案的制订、实验具体操作以及"三废"处理做好准备。

任务二、方案设计

目标 1.设计合成方案

整理分析查阅的资料,比较苯甲酸酯类化合物各种合成方法的特点,结合实际情况,设计实验室可行的合成方案,拟订工作计划。

目标 2.设计工艺优化方案

根据文献,探讨实验的影响因素,如反应物摩尔比、催化剂的种类和用量等,制订正交设计表。

目标 3.设计"三废"处理方案

根据已设计的合成方案,分析项目实施过程中原料、产物和副产物的性质,结合文献,制订"三废"处理方案,增强环保意识。

目标 4.设计应急预案

结合拟订的合成及"三废"处理过程中的实验操作技术,掌握有毒、有害物品的正确使用方法。制订发生紧急情况后的应急处理方案。提高警惕,尽量避免实施过程中的危险和不规范操作,以保证项目能顺利实施。

任务三、方案的实践

目标 1.方案的确定

通过小组汇报、讨论和老师点评等方式,确定实验方案、工作计划、分析测试方法、项目分工等,完善工作计划。

目标 2.实验前准备工作

根据最终的实验方案和工作计划,领取所需的试剂、实验装置和器材。

目标 3.方案的实施

根据最终的实验方案和工作计划进行项目实施,主要包括酯化反应底物拓展、工艺优化及产品质量分析。在实施过程中如遇突发问题和不能实施的环节,小组成员需共同讨论解决。指导教师在实施过程中加强巡查和指导。

任务四、结果展示

项目实施结果以实验报告的形式展示,报告中应体现以下内容:

1.项目实施的背景:对酯化反应研究现状进行综述。

2.项目实施的可行性分析:采用什么方法,可供参考的文献资料有哪些?项目实践中具体要怎么做?

3.项目实施的具体过程:项目实施的具体过程,包括实验仪器与试剂、合成工艺过程、底物拓展实验、实验优化、鉴别及含量测定等。

4.结果与讨论。

5.心得体会。

6.参考文献。

任务五、强化练习

1.以酸和醇为原料合成酯类化合物的反应中,常用的催化剂有哪些?

2.正交试验和单因素实验各有什么优缺点?

拓展项目二　利培酮中间体的合成

利培酮是一种新型抗精神病药,对精神分裂症的阳性症状及阴性症状均有良好的效果,且锥体外系等副作用较轻,除能拮抗多巴胺受体(D_2)外,还可拮抗 5-HT$_2$受体。该药品市场前景良好。2,4-二氟苯基-4-哌啶基甲酮盐酸盐是利培酮的关键中间体,请尝试合成该中间体。

任务一、文献查阅

目标 1. 利培酮的合成方法

查阅文献，充分了解利培酮的药理作用和临床应用，了解国内外常见的制备方法，并比较这些合成方法的优缺点。

目标 2. 2,4-二氟苯基-4-哌啶基甲酮盐酸盐的合成

查阅实验室和工业常用的合成方法，充分了解原料的性质及相关参数，为实验方案的制订、实验具体操作以及"三废"处理做好准备。

任务二、方案设计

目标 1. 设计合成方案

整理分析查阅的资料，比较各种合成方法的特点，结合实际情况，设计实验室可行的合成方案，拟订工作计划。

目标 2. 设计质量控制方案

根据已设计的合成方案，拟订各合成步骤的质量监测方案和中间体的质量标准。拟订终产品鉴别、含量测定方法。

目标 3. 设计"三废"处理方案

根据已设计的合成方案，分析项目实施过程中原料、产物和副产物的性质，结合文献，制订"三废"处理方案。

目标 4. 设计应急预案

结合拟订的合成及"三废"处理过程中的实验操作技术，掌握有毒、有害物品的正确使用方法。制订发生紧急情况后的应急处理方案。提高警惕，尽量避免实施过程中的危险和不规范操作，以保证项目能顺利实施。

任务三、方案的实践

目标 1. 方案的确定

通过小组汇报、讨论和老师点评等方式，确定最终的合成方案，完善工作计划。

目标 2. 实验前准备工作

根据最终的实验方案和工作计划，领取所需的试剂、实验装置、器材。

目标 3. 方案的实施

根据最终的实验方案和工作计划进行项目实施，主要包括 2,4-二氟苯基-4-哌啶基甲酮盐酸盐合成和质量控制。在实施过程中如遇突发问题和不能实施的环节，小组成员需共同讨论解决。指导教师在实施过程中加强巡查和指导。

任务四、结果展示

项目实施结果以实验报告的形式为主，报告中应体现以下内容：

1.项目实施的背景:对国内外利培酮合成研究现状进行综述。

2.项目实施的可行性分析:项目实践中具体要怎么做？采用什么方法,可供参考的文献资料有哪些？

3.项目实施的具体过程及结果:叙述项目实施的具体过程。是否合成出所需产品？产品的质量如何？列出中间体及产品的外观、收率、物理常数等指标。

4.发现问题。

5.心得体会。

6.参考文献。

任务五、强化练习

1.傅-克酰基化反应的机理是什么？简述操作要点。

2.常见有机化合物纯化方法有哪些？

拓展项目三　卡莫司汀的合成

卡莫司汀(Carmustine)为亚硝脲类烷化剂,虽然结构中有一个氯乙基,但化学反应与氮芥不同。由于能透过血脑屏障,故常用于脑瘤和颅内转移瘤的治疗。

任务一、文献查阅

目标 1.卡莫司汀的药理作用和临床应用

了解卡莫司汀的市场状况、药理作用、不良反应和临床应用。

目标 2.卡莫司汀的合成路线

查阅文献并整理分析,充分了解卡莫司汀常见的合成方法,并从成本、环保等方面比较这些合成方法的优缺点。

目标 3.物料安全

充分了解原料的性质及相关参数,为实验方案的制订、实验具体操作以及"三废"处理做好准备。

任务二、方案设计

目标 1.设计合成方案

整理分析查阅的资料,比较各种合成方法的特点,结合实际情况,设计实验室可行的合成方案,拟订工作计划。

目标 2.设计质量控制方案

根据已设计的合成方案,拟订各合成步骤的质量控制方案和中间体的质量标准。拟订终产品鉴别、杂质检查和含量测定方法。

目标 3.设计"三废"处理方案

根据已设计的合成方案,分析项目实施过程中原料、产物和副产物的性质,结合文献,制订"三废"处理方案,增强环保意识。

目标 4.设计应急预案

结合拟订的合成方案,掌握有毒、有害物品的正确使用方法。制订发生紧急情况后的应急处理方案,避免实施过程中的危险和不规范操作。

任务三、方案的实践

目标 1.方案的确定

通过小组汇报、组内组间讨论和教师点评等方式,确定最终的合成方案,完善工作计划。

目标 2.实验前准备工作

根据最终的实验方案和工作计划,领取所需的试剂、实验装置、器材等。

目标 3.方案的实施

根据最终的实验方案和工作计划进行项目实施,主要包括卡莫司汀的合成、质量控制及产品检测。在实施过程中如遇突发问题和不能实施的环节,小组成员需共同讨论解决。指导教师在实施过程中加强巡查和指导。

任务四、结果展示

项目实施结果以实验报告的形式为主,报告中应体现以下内容:

1.项目实施的背景:对国内外卡莫司汀合成研究现状进行综述。

2.项目实施的可行性分析:项目实践中具体要怎么做？采用什么方法,可供参考的文献资料有哪些？

3.项目实施的具体过程及结果:叙述项目实施的具体过程。是否合成出所需产品？产品的质量如何？列出中间体及产品的外观、收率、物理常数等指标。

4.发现问题。

5.心得体会。

6.参考文献。

任务五、强化练习

1.亚硝基脲类抗肿瘤药物有哪些？常用的合成方法是什么？

2.简述亚硝基脲类药物的构效关系。

第三章　药物分离实验

实验一　柱层析分离色素

一、实验目的

1.了解柱层析的分类,掌握各种柱层析的原理;

2.熟练掌握吸附层析的原理和操作技术。

二、实验原理

叶绿体色素是植物吸收太阳光进行光合作用的重要物质,主要由叶绿素 a、叶绿素 b、胡萝卜素和叶黄素等组成。从植物叶片中提取和分离叶绿体色素是对其认识和了解的前提。利用叶绿体色素溶于有机溶剂的特性,可用 95％乙醇或无水乙醇提取。

分离色素的方法有多种,如纸层析、柱层析等。柱层析法是色谱法的一种,它是根据混合物中各组分对固定相的吸附能力,以及对洗脱剂(即移动相)的溶解度不同将各组分分离。常用的柱色谱有吸附柱色谱和分配柱色谱两类。

吸附柱色谱通常是在玻璃管中填入表面积很大且经过活化的多孔性物质或粉状固体作为吸附剂(如氧化铝或硅胶),当混合物的溶液流经吸附柱时,就被吸附在柱的上端,然后从柱顶加入溶剂(洗脱剂)洗脱。由于不同化合物在吸附柱上的吸附能力不同,在同一溶剂中的溶解度也不同,因此各组分随溶剂以不同速度下移,形成色带。继续用溶剂洗脱,吸附能力最弱的组分就随溶剂首先流出,整个层析过程进行反复的吸附—解吸—再吸附—再解吸。用柱层析法可以分别收集各组分,并逐个鉴定。

本实验是把三氧化二铝填入玻璃管中(压成柱状)作为吸附剂,将含叶绿体色素的石油醚提取液倾于吸附柱上,色素即被吸附。由于色素的种类不同,被吸附的强弱不同,就在吸附柱上排列成为不同的色层,再利用吸附剂在不同溶剂中有不同的吸附能力,用不同的溶剂进行洗脱,从而达到分离叶绿体的 4 种主要色素(叶绿素 a、叶绿素 b、叶黄素、胡萝卜素)的目的。

三、实验材料、试剂与仪器

1.实验材料和试剂

新鲜的菠菜叶,无水乙醇或95%乙醇,石英砂,丙酮,石油醚(60～90℃),三氧化二铝,饱和氯化钠溶液,无水硫酸钠。

洗脱液为丙酮与石油醚的混合溶剂,体积比为1∶9。

2.实验仪器

层析柱(1cm×30cm),研钵,蒸馏装置,脱脂棉,天平,烧杯,过滤漏斗,玻璃棒,锥形瓶,分液漏斗,试管,铁架台。

四、实验内容与步骤

1.色素的提取

20g菠菜,加少许石英砂,再加20ml无水乙醇研磨成浆,用脱脂棉过滤,保存滤液,滤渣用无水乙醇提取一次,合并滤液。在滤渣中再加入30ml石油醚提取一次,过滤,合并滤液,转移至分液漏斗中。用40ml饱和氯化钠溶液洗涤,弃水相,再分别加入20ml水振荡洗涤几次,直至下层无色,将有机相转移至锥形瓶中,加入无水硫酸钠干燥5min,备用。

2.样品的浓缩

将石油醚提取液放入蒸馏烧瓶中,蒸除多余的石油醚至5～8ml,以备加样使用。

3.层析柱的制备

取15g碱性三氧化二铝,加入30ml石油醚,搅拌,浸泡10min。在层析柱底部加入一团脱脂棉,再加入石英砂0.5cm以上,然后加入石油醚至柱子高度的一半,再将浸泡好的三氧化二铝倒入柱内,倒时应该缓慢,重复使用下面的石油醚,直到装完。用石油醚润洗层析柱内壁,顶部再加入一小团脱脂棉,然后填入0.5cm石英砂。

4.样品的分离层析

打开层析柱下部旋塞,向柱内加入2ml浓缩液,至液体没入石英砂内,再加入石油醚冲洗柱壁,待液体浸入石英砂内,加洗脱液开始层析直至第一条色带洗脱完毕,收集第一条色带的洗脱液。

五、注意事项

1.萃取时不要剧烈振荡,以防发生乳化现象。

2.为了保持柱子的均一性,使整个吸附剂浸泡在溶剂或溶液中是必要的,否则当柱中溶剂或溶液流干时,就会使柱身干裂,影响渗透和显色的均一性。因此要保证整个装样过程中溶剂高于三氧化二铝的表面。

3.在吸附剂上端加入脱脂棉(或滤纸)是使加样品时不致把吸附剂冲起;在吸附柱下端加脱脂棉(或石英砂)可以防止吸附剂颗粒流失。

4.层析柱填装紧密与否影响分离效果,若各部分松紧不匀,会影响渗透速度和显色的均匀性。

5.洗脱流速不宜过快,避免因洗脱流速过快而压紧凝胶,色素分离不开;也不要过慢,导致柱装得太松,在层析过程中,凝胶床高度下降,色素洗脱很慢。控制洗脱流速,以每分钟 60~80 滴为宜。

6.样品一定要足够浓缩,加样量不要过大,若加样量过大,分离条带过宽,如果层析柱不够长,各组分不易分开,易同时洗脱下来;若加样量过少,色带不是很清楚,不易观察,效果不好。

7.层析柱粗细必须均匀,柱管大小可根据试剂需要选择。一般来说,细长的柱分离效果较好。若样品量多,最好选用内径较粗的柱,但此时分离效果稍差。若柱管内径太小,会发生"管壁效应",即柱管中心部分的组分移动慢,而管壁周围的组分移动快。柱越长,分离效果越好,但柱过长,实验时间长,样品稀释度大,分离效果反而不好。

六、结果与讨论

1.记录柱层析的现象,并对现象进行分析说明。
2.通过查阅文献,预测洗脱条带主要成分。
3.分析色带各方向的移动速度不同的原因。

七、思考题

1.试述选择溶剂与洗脱剂的标准。
2.试讨论影响实验成功的关键因素。

实验二　吸附法分离葛根素

一、实验目的

1.学习柱层析法的基本操作;
2.熟悉大孔吸附树脂的分离原理;
3.掌握大孔树脂吸附分离葛根素的操作技术。

二、实验原理

葛根为豆科植物野葛的干燥根,在我国大部分地区均有分布。葛根中有葛根素、大豆苷、大豆苷元、染料木素等异黄酮类化合物,其中葛根素是葛根的主要活性成分。葛根素即 8-β-D-葡萄吡喃糖-4',7-二羟基异黄酮,分子式为 $C_{21}H_{20}O_9$,具有扩张冠脉和脑血管、降低心肌耗氧量、改善心肌收缩功能、促进血液循环等作用。

加热回流提取法是提取异黄酮类化合物最常用的一种方法,大多数情况下使用乙醇和水作为提取溶剂。本实验先用乙醇溶液从葛根中提取异黄酮类化合物,然后用树脂吸附法分离出葛根素。D_{101} 型大孔吸附树脂(简称 D_{101} 树脂)是一种多孔立体结构的聚合物吸附剂,依靠它和吸附物之间的范德华力通过巨大比表面进行物理吸附。D_{101} 树脂具有物化性质稳定、对葛根异黄酮选择性吸附能力强、容易解吸、再生简单、不易老化、可反复使用等优点。葛根异黄酮提取液通过大孔吸附树脂,葛根素被吸附,而大量水溶性杂质随水流出,从而使葛根素与水溶性杂质分离。

三、实验材料、试剂与仪器

1.实验材料和试剂

葛根,葛根素对照品,乙醇,D_{101} 树脂,正丁醇,甲醇,磷酸,蒸馏水。

2.实验仪器

中草药粉碎机,标准筛(10 目),磁力搅拌水浴锅,圆底烧瓶,冷凝管,布氏漏斗,真空泵,烧杯,玻璃层析柱,铁架台,旋转蒸发器,分液漏斗,天平,紫外分光光度计,高效液相色谱仪。

四、实验内容与步骤

1.葛根异黄酮的提取

取干燥葛根,用中草药粉碎机粉碎,过 10 目筛。

称取 5g 葛根粉末,装入圆底烧瓶中,选取 50% 乙醇溶液为提取溶剂,溶剂用量为 20 倍,提取时间为 120min,提取 2 次,合并两次滤液,即为葛根异黄酮提取液。

2.葛根素的分离

取 D_{101} 树脂 50g,用 95% 乙醇溶液浸泡 24h,充分溶胀后用湿法装柱,以 2BV/h(BV 为床层体积)的流速洗脱,至流出液与水混合(比例 1:5)不呈混浊为止,再用蒸馏水洗至无醇味。

将葛根异黄酮提取液减压浓缩得粗提浸膏,用适量水溶解后,滤去不溶物,以 2BV/h 的流速通过处理好的大孔树脂柱。穿透液重复吸附 3 次,静置 30min。用蒸馏水洗去糖类、蛋白质、鞣质等水溶性杂质,至水清。改用 70% 乙醇洗脱(70% 乙醇用量为粗提物的 12 倍),流速为 2BV/h,收集洗脱液。浓缩回收乙醇至无醇味。

洗脱液加等体积正丁醇萃取 4 次,合并正丁醇萃取液,回收正丁醇至干,用甲醇溶解定容至 50ml,即为葛根素样品溶液。

3.葛根异黄酮及葛根素含量的测定

(1)葛根总黄酮含量的 UV 测定

配制葛根素系列浓度标准溶液,用紫外分光光度计分别测定其在 250nm 处的吸光度,以葛根素浓度为横坐标,吸光度为纵坐标,绘制 UV 标准曲线。同法测定葛根异黄酮提取液的吸光度,根据标准曲线,计算葛根总黄酮含量。

(2)葛根素含量的高效液相色谱法(HPLC)测定

色谱条件:色谱柱为反相 C_{18} 色谱柱(250mm×4.6mm,5μm),检测波长 250nm,柱温 25℃,流动相为甲醇-0.02%磷酸水溶液(25:75,V/V),流速 1ml/min。

配制葛根素系列浓度标准溶液,按上述色谱条件分别测定,以葛根素浓度为横坐标,峰面积为纵坐标,绘制 HPLC 标准曲线。同法测定葛根素样品溶液的吸光度,根据标准曲线,计算葛根素含量。

五、注意事项

1.使用乙醇、正丁醇尽可能在通风柜中进行操作。

2.在柱层析时,必须注意不使柱表面的溶液流干,即树脂上端要保持一层溶剂,否则影响分离。

3.使用后的葛根粉末及树脂回收至指定位置,不能直接丢入水槽中,以免造成堵塞。

六、结果与讨论

1.计算葛根异黄酮的含量及葛根素的得率。

2.讨论影响葛根素得率的因素。

七、思考题

1.葛根粉碎的粗细程度对提取有何影响?

2.简述柱层析的基本操作及注意事项。

3.为什么需先用水洗吸附有葛根素原料液的树脂?

实验三 新鲜虾壳中虾青素的提取

一、实验目的

1.了解虾青素的理化性质;

2.了解虾青素的提取纯化及分析方法；

2.掌握脂溶性有机溶剂提取的操作及注意事项；

3.熟悉皂化水解虾青素的原理与操作。

二、实验原理

虾青素,学名为3,3'-二羟基-4,4'-二酮基-β,β'-胡萝卜素,分子式是$C_{40}H_{52}O_4$,相对分子质量是596.8。虾青素广泛存在于生物界中,特别是水产动物的虾、蟹、鱼和鸟类的羽毛中。虾青素易溶于有机溶剂,难溶于水,具有较强的抗氧化活性,且有抗肿瘤等功能。

虾壳中富含虾青素和虾青素酯,其中虾青素酯与油脂性质较接近,组分复杂,使得纯化和测定分析困难。将虾青素酯皂化水解变为游离虾青素,则游离虾青素含量增加,且分离容易,检测简单。

三、实验材料、试剂与仪器

1.实验材料和试剂

新鲜虾壳,虾青素对照品,盐酸,二氯甲烷,氢氧化钾,乙醇,甲醇,乙腈,蒸馏水。

2.实验仪器

pH计,烧杯,玻棒,剪刀,圆底烧瓶,分液漏斗,旋转蒸发仪,磁力搅拌水浴锅,烘箱,高效液相色谱仪,抽滤装置,真空泵,冰箱。

四、实验内容与步骤

1.原料预处理

将50g新鲜虾用清水洗净,沥干后放入大烧杯中,不断搅拌下加入5%稀盐酸至不冒气泡(pH＝5.0～7.0),虾壳再浸泡5h,水洗至中性,过滤。取虾壳,剪碎,去水。

2.粗色素油的制备

将经预处理的新鲜虾壳放入圆底烧瓶中,加入二氯甲烷(用量为浸没虾壳量的2倍),室温下、暗处、密封浸泡3次,每次7h。合并三次滤液,减压浓缩,即为粗色素油。

3.皂化

取粗色素油,加入40.3g/L KOH-C_2H_5OH溶液,在16℃下磁力搅拌进行皂化反应。反应37min停止搅拌,加适量蒸馏水至反应混合液迅速分层,上层为水相,有色物质转入下层有机相,于冰箱冷藏室中静置12h。分液,收集下层有机相,即为样品溶液。

4.虾青素含量的测定

用流动相把虾青素和样品配制成适当浓度的溶液,按以下色谱条件进行分析测定。

色谱条件:反相C_{18}色谱柱(250mm×4.6mm,5μm);柱温为30℃;流动相为甲醇-乙腈(75:25,V/V);流速为1ml/min;检测波长为476nm;进样量为20μl。

五、注意事项

1.实验中使用的有机试剂,如二氯甲烷,有一定的挥发性和毒性,需在通风柜中规范操作。

2.新鲜虾壳易腐败,新鲜的或使用过的虾壳需按规定存放或回收。

六、结果与讨论

1.计算皂化水解后虾青素的含量。

2.讨论影响虾青素含量的因素。

七、思考题

1.可否用乙醇来提取虾青素,为什么?

2.为什么需要对虾青素提取液进行皂化水解?

3.哪些方法可进一步纯化虾青素?

4.以虾壳为原料,还可以提取哪些有效成分?

实验四　机械剪切法细胞破碎实验及多酚氧化酶的粗提

一、实验目的

1.熟悉细胞破碎的基本方法;

2.熟练掌握机械破碎法的操作技术。

二、实验原理

多酚氧化酶(PPO)是植物组织内广泛存在的一种含铜氧化酶,植物受到机械损伤和病菌侵染后,PPO催化酚与 O_2 氧化形成醌,使组织褐变,以便损伤恢复,防止或减少感染,提高抗病能力。醌类物质对微生物有毒害作用,所以伤口出现醌类物质是植物防止伤口感染的愈伤反应,因而在受伤组织一般这种酶的活性就会提高。PPO也可与细胞内其他底物氧化偶联,起到末端氧化酶的作用。

细胞破碎技术是提取分离生物药物的一项基本技术,是必须掌握的基本技能,包括:

①机械破碎法,如捣碎法、珠磨法、高压匀浆法、超声波破碎法;②非机械破碎法,如冻结-融化法、渗透压冲击法、有机溶剂法、表面活性剂法、酸碱法、酶溶法。本实验以土豆为主要材料,通过组织细胞破碎匀浆、过滤、离心、硫酸铵沉淀等步骤获得PPO的粗提液。通过本项实验,学习和了解蛋白质提取、分离的基本原理和方法,掌握相关仪器设备的操作方法,以及蛋白质的提取、分离技术。

三、实验材料、试剂及仪器

1.实验材料和试剂

土豆,0.1mol/L NaF溶液(4.2g NaF溶于1000ml水中),0.1mol/L邻苯二酚溶液(1.1g邻苯二酚溶于1000ml水中,用稀NaOH溶液调pH为6.0),饱和硫酸铵溶液(70g硫酸铵溶于100ml水中,加热到70~80℃使其溶解,冷却到室温后过滤),柠檬酸缓冲液(pH=5.6,将0.1mol/L柠檬酸和0.1mol/L柠檬酸三钠按5.5:14.5的比例混合)。

2.实验仪器

家用匀浆机,烧杯,布氏漏斗,抽滤瓶,量筒,量瓶,普通离心机,水浴锅,不锈钢锅。

四、实验内容与步骤

1.酶抽提液的制备

(1)取一块土豆,清洗表面泥土;

(2)土豆去皮后切成小块;

(3)称取50g土豆块放入匀浆机中,再加入NaF溶液50ml;

(4)在匀浆机中研磨30s;

(5)把匀浆物通过几层细布滤到一只100ml烧杯中;

(6)加入等体积的饱和硫酸铵溶液,混合后于4℃放置30min;

(7)4000r/min离心15min,倒掉上清液;

(8)沉淀用大约15ml柠檬酸缓冲液(pH=5.6)溶解,即得该酶粗制品。

2.多酚氧化酶的颜色反应

(1)将3支干净的试管编号为①、②、③;

(2)按表3-1的要求制备各管,并混合均匀;

表3-1　各试管配液要求

管号	酶抽提液	水	邻苯二酚(0.01mol/L)
①	15滴	/	15滴
②	15滴	15滴	/
③	/	15滴	15滴

(3)把三支试管放于37℃水浴;

（4）每隔 5min 振荡试管并观察每管中溶液颜色的变化，共反应 25min；

（5）观察现象，记录实验结果。

五、注意事项

1.溶液配制应准确。

2.滴加饱和硫酸铵溶液的速度要慢一些，搅拌的速度应适中。

六、结果与讨论

1.记录实验过程中每个步骤的现象。

2.讨论现象出现的原因。

七、思考题

1.本实验中加入硫酸铵的目的是什么？

2.预测试管①、②、③的现象，并说明预测的依据。

拓展项目一　　血清球蛋白的分离纯化

任务一、文献查阅

目标 1.血清球蛋白的性质

查阅文献，了解血液组成成分以及各成分的主要功能，掌握血清球蛋白种类、结构特征及物理化学性质。

目标 2.分离纯化方法

查阅文献汇总分离血清球蛋白的常用方法和相关操作参数，比较各类方法的优缺点。

血清中含有白蛋白及各种球蛋白，由于所带电荷不同及相对分子质量不同，在不同浓度盐溶液中溶解度不同，可以利用溶解度的差异进行沉淀分离，获得球蛋白的粗制品。盐析后蛋白质中会存在大量中性盐，影响后续纯化，需用透析法或凝胶层析法进行脱盐处理。最后使用柱层析法进一步纯化。

目标 3.血清球蛋白分析方法

查阅文献比较血清球蛋白的定性定量分析方法，如醋酸纤维素薄膜电泳、紫外分光光度法、HPLC 等。

任务二、方案设计

目标1.纯化方案设计

根据文献并结合实验室实际情况,设计可行的分离纯化方案,并确定球蛋白的收率与纯度的测定方法。

目标2.操作参数优化

根据球蛋白性质及所选分离纯化方法,确定分离纯化关键步骤及注意事项,对分离纯化步骤进行优化。

目标3.设计应急预案

掌握分离纯化过程中所涉及有毒、有害物品的正确使用方法。设计应急处理方案。实验过程所产生的废液、废料需进行妥善处理。

任务三、方案的实践

目标1.方案的确定

以小组汇报等方式,确定球蛋白分离纯化步骤以及分析测试方法,完善工作计划。

目标2.实验前准备工作

根据实验方案,领取所需的试剂、实验装置、器材,配制相关溶液。

目标3.方案的实施

依照实验方案进行分工,对血清中的球蛋白进行分离纯化。详细记录实验过程及实验现象,对异常现象,先进行小组内部讨论,若异常现象较为普遍,则需全班统一进行讨论。指导教师在实施过程中加强巡查和指导。

任务四、结果展示

结果以实验报告的形式呈现,报告中应体现以下内容:

1.项目的实施背景:对国内外研究现状进行综述。

2.项目实施的可行性分析:结合球蛋白的理化性质、实验室现有条件及学生实验基础,分析实施选用的实验方案的可行性。

3.项目实施的具体过程及结果:列出实验的具体工艺流程、操作步骤、实验现象、相关仪器、试剂和注意事项等。记录产品的外观、纯度、收率等。

4.发现问题:探讨影响球蛋白产品质量的主要因素,提高纯度和收率的策略。

5.心得体会。

6.参考文献。

任务五、强化练习

1.盐析对球蛋白生物活性有哪些影响?

2.不同脱盐手段对球蛋白有哪些影响?

3.不同分离方法在机理上有何不同?

拓展项目二　超速离心分离血浆脂蛋白

任务一、文献查阅

目标 1.血浆脂蛋白的性质

查阅文献,了解血清中血浆脂蛋白的分类及功能。

目标 2.超速离心法

离心是常用的分离分析手段,是利用物体高速旋转时产生强大的离心力,使置于旋转体中的悬浮颗粒发生沉降或漂浮,从而使某些颗粒达到浓缩或与其他颗粒分离之目的。这里的悬浮颗粒往往是指制成悬浮状态的细胞、细胞器、病毒和生物大分子等。离心机转子高速旋转时,当悬浮颗粒密度大于周围介质密度时,颗粒离开轴心方向移动,发生沉降;如果颗粒密度低于周围介质的密度,则颗粒朝向轴心方向移动而发生漂浮。

超速离心机的离心速度为每分钟 60000 转或更多,离心力约为重力加速度的 500000 倍。超速离心机可分成制备型和分析型两大类,两者均装有冷冻和真空系统。制备型超速离心机容量较大,主要用于分离制备线粒体、溶酶体和病毒等以及具有生物活性的核酸、酶等生物大分子。分析型超速离心机另装有光学系统,可以监测旋离过程中物质的沉降行为并能拍摄照片。

目标 3.血浆脂蛋白的定量分析方法

查阅文献了解血浆脂蛋白的定性定量分析方法,包括 SDS-PAGE 电泳、紫外分光光度法、HPLC 等。

任务二、方案设计

目标 1.分离方案设计

根据文献资料并结合实验室所拥有的离心机型号,设计可行的分离纯化方案,并确定血浆脂蛋白的收率与纯度的测定方法。

目标 2.操作参数确定

根据血浆脂蛋白性质确定离心操作相关参数,设计适宜的脱盐手段。明确分离分析过程中的关键步骤及注意事项。

目标 3.设计应急预案

严格掌握超速离心机的操作规范,预防实验事故,并对实验过程中所涉及的有毒、有害物品进行重点标注。实验过程所产生的废液、废料需进行妥善处理。

任务三、方案的实践

目标 1.方案的确定

以小组汇报等方式,确定超速离心分离血浆脂蛋白的步骤以及分析测试方法,完善工作计划。

目标 2.实验前准备工作

根据实验方案,领取并检查所需的试剂、实验装置、器材,配制相关溶液。

目标 3.方案的实施

依照设计方案进行分工,对血浆脂蛋白进行分离纯化。详细记录实验过程及实验现象,对异常现象,先进行小组内部讨论,若异常现象较为普遍,则需全班统一进行讨论。指导教师在实施过程中加强巡查和指导。

任务四、结果展示

结果以实验报告的形式呈现,报告中应体现以下内容:

1.项目的实施背景:对国内外研究现状进行综述。

2.项目实施的可行性分析:结合血浆脂蛋白的理化性质、实验室现有条件及学生实验基础,分析实施选用的实验方案的可行性。

3.项目实施的具体过程及结果:列出实验的具体工艺流程及操作步骤、相关仪器和试剂、注意事项等。记录产品的外观、纯度、收率等。

4.发现问题:探讨影响血浆脂蛋白质量的主要因素,提高纯度和收率的策略。

5.心得体会。

6.参考文献。

任务五、强化练习

1.简述不同离心技术的区别及优缺点。

2.预测离心后不同血浆脂蛋白所处的位置。

拓展项目三　大豆异黄酮的提取与精制

任务一、文献查阅

目标 1.异黄酮的性质

查阅文献,了解大豆的主要成分和异黄酮的主要分布,掌握大豆异黄酮的种类、分子结构、物理化学性质、生物活性及应用。

目标 2.提取方法

查阅大豆异黄酮的常用提取方法,包括加热回流提取法、超声波提取法、超临界二氧化碳提取法、渗漉法等,并充分了解原料(不同原料形态,如大豆粉、大豆豆粕、脱脂大豆)的性质及相关参数,为实验方案的制订、实验具体操作以及"三废"处理做好准备。

目标 3.分离纯化方法

异黄酮大多以结合型存在,欲得到具有较高生物活性的游离态异黄酮,需要对粗提产物水解后进行精制。查阅文献了解大豆异黄酮的水解方法及相关参数。水解液中除含有大豆异黄酮外,还含有较多的杂质,如蛋白质、单糖、多糖等。因此,为获得较高纯度的产品,需进一步精制去杂。查阅文献,比较归纳大豆异黄酮精制方法,如超滤膜法、吸附法、柱层析法、高效液相色谱法(HPLC)、重结晶和溶剂萃取法等。

目标 4.大豆异黄酮分析方法

查阅大豆异黄酮的定性、定量分析方法,包括薄层层析、紫外分光光度法、HPLC、液质联用等。

任务二、方案设计

目标 1.设计提取、纯化方案

整理分析查阅的资料,比较各种提取、纯化方法的特点,结合实际情况,设计实验室可行的提取和纯化方案,并确定产品的鉴别和含量测定方法,拟订工作计划。

目标 2.设计"三废"处理方案

根据已设计的提取、纯化和分析测定方案,分析项目实施过程中原料、产物和副产物的性质,结合文献,制订"三废"处理方案,增强环保意识。

目标 3.设计应急预案

结合拟订的提取、纯化及"三废"处理过程中的实验操作技术,掌握危化品和仪器设备的正确使用方法。制订发生紧急情况后的应急处理方案。提高警惕,尽量避免实施过程中的危险和不规范操作,以保证项目能顺利进行。

任务三、方案的实践

目标 1. 方案的确定

通过小组汇报、讨论和老师点评等方式,确定大豆异黄酮的提取、分离和分析测试实验方案,完善工作计划。

目标 2. 实验前准备工作

根据确定的实验方案和工作计划,领取所需的试剂、实验装置及器材,并配制相关溶液。

目标 3. 方案的实施

根据确定的实验方案和工作计划进行项目实施,主要包括大豆异黄酮的提取、纯化和分析测试。在实施过程中如遇突发问题和不能实施的环节,小组内成员需共同讨论解决。指导教师在实施过程中加强巡查和指导。

任务四、结果展示

项目实施结果以实验报告的形式为主,报告中应体现以下内容:

1. 项目实施的背景:对国内外研究现状进行综述。

2. 项目实施的可行性分析:结合大豆异黄酮的结构、理化特性,实验室现有条件及学生实验基础,分析实验方案的可行性。

3. 项目的具体实施过程及结果:列出实验的具体工艺流程及操作步骤、相关仪器和试剂、注意事项等。记录产品的外观、纯度、收率。

4. 发现问题:探讨影响大豆异黄酮产品质量的主要因素,提高大豆异黄酮纯度和收率的策略。

任务五、强化练习

1. 为什么大豆异黄酮制备过程需要水解?

2. 提取大豆异黄酮时需要注意哪些问题?

拓展项目四　蛋黄卵磷脂和蛋清溶菌酶的分离及分析

任务一、文献查阅

目标 1.鸡蛋的主要成分

查阅文献,了解鸡蛋中蛋黄、蛋清的主要有效成分。

目标 2.用溶剂浸取法提取蛋黄卵磷脂及其定性、定量分析方法

卵磷脂一般指磷脂酰胆碱,属甘油磷脂。高纯度的卵磷脂既可以利用其表面活性作为药物制剂的辅料,也可加工成功能性食品,具有促进脂肪代谢,防止心血管疾病,促进神经传导,提高大脑记忆力等功能。

查阅文献了解蛋黄卵磷脂的结构、理化性质及提取、分析方法的研究现状。常规的溶剂浸取法是利用各磷脂在溶剂中的溶解度不同,将卵磷脂与其他组分分离开来。查找文献,比较溶剂浸取法中先乙醇提取、后丙酮除油或先丙酮除油、后乙醇提取两条工艺路线的优缺点,确定合适的提取方法。查阅文献了解薄层色谱(TLC)定性及高效液相色谱(HPLC)定量分析蛋黄卵磷脂的具体参数设置及操作的注意事项。

目标 3.用树脂吸附法分离蛋清溶菌酶及其定量分析方法

溶菌酶是一种碱性球蛋白,又称为胞壁质酶或者 N-胞壁质聚糖水解酶,具有抗菌、抗病毒、抗感染、促进组织修复的作用。

查阅文献了解溶菌酶的主要理化性质及其分离、分析方法的研究现状。比较树脂法分离溶菌酶的各种工艺,筛选最适工艺流程,确定相关参数条件。查阅文献了解溶菌酶的定量分析方法,如紫外分光光度法、电泳法等,结合实验室条件及学生实验能力确定定量分析方法。

目标 4."三废"处理

查阅文献了解溶剂浸取法提取蛋黄卵磷脂和树脂吸附法分离蛋清溶菌酶中可能存在的"三废"。

任务二、方案设计

目标 1.设计实验方案

整理分析查阅的资料,比较各种方法的特点,结合实际情况,设计实验室可行的方案,并确定产品的鉴别和含量测定方法,拟订工作计划。

目标 2.设计"三废"处理方案

根据已设计的提取、纯化和分析测定方案,分析项目实施过程中原料、产物和副产物的性质,结合文献,制订"三废"处理方案,增强环保意识。

目标 3.设计应急预案

结合拟订的提取、纯化及"三废"处理过程中的实验操作技术,进行安全隐患排查并提出紧急情况发生后的应急处理方案。提高警惕,尽量避免实施过程中的危险和不规范操作。

任务三、方案的实践

目标 1.方案的确定

通过小组汇报、讨论和老师点评等方式,确定溶剂浸取法提取蛋黄卵磷脂、树脂吸附法分离蛋清溶菌酶的工艺路线和分析方法,完善工作计划,并列出主要注意事项。

目标 2.实验前准备工作

根据确定的实验方案和工作计划,领取所需的试剂、实验装置、器材,配制相关溶液。

目标 3.方案的实施

根据确定的实验方案和工作计划进行项目实施。在实施过程中如遇突发问题和不能实施的环节,小组内成员需共同讨论解决。指导教师在实施过程中加强巡查和指导。

任务四、结果展示

项目实施结果以实验报告的形式为主,报告中应体现以下内容:

1.项目的实施背景:对国内外研究现状进行综述。

2.项目实施的可行性分析:结合卵磷脂和溶菌酶的结构、理化特性,实验室现有条件及学生实验基础,分析实验方案的可行性。

3.项目实施的具体过程及结果:列出实验的具体工艺流程及操作步骤、相关仪器和试剂、注意事项等。记录产品的外观、定性定量分析结果。

4.发现问题:实验操作过程中的难点及影响实验结果的主要因素,实验方案的改进措施。

任务五、强化练习

1.在卵磷脂薄层色谱法定性实验中,如何筛选展开剂?

2.为什么需要对树脂进行预处理?

3.用树脂法分离得到溶菌酶后,可以用哪些方法对其进行纯化?

第四章　药物分析实验

实验一　氯化钠杂质检查

一、实验目的

1. 掌握检查药物的一般杂质的原理与方法；
2. 掌握杂质限量的计算方法；
3. 熟悉一般杂质检查项目与意义。

二、实验原理

药物中的杂质系指规定工艺和规定原辅料生产的药品中，由其生产工艺或原辅料带入的药物自身之外的其他物质，或在贮存过程中产生的其他物质。药物中的杂质按照其来源可以分为一般杂质和特殊杂质。其中，一般杂质是指在自然界中分布比较广泛，在多种药物的生产和贮藏过程中容易引入的杂质，也称为信号杂质。药物中杂质限量的控制方法包括限量检查法和定量测定法。其中，限量检查法通常不要求测定其准确含量，只需检查杂质是否超过限量，多数采用对照法，还可采用灵敏度法和比较法。《中国药典》通则0800 在杂质的限量检查方法中规定了氯化物、硫酸盐、硫化物、硒、氟、氰化物、铁盐、铵盐、重金属、砷盐以及干燥失重、水分、炽灼残渣、易炭化物和有机溶剂残留量等项目的检查方法。

氯化钠作为电解质补充药，被广泛应用于制备生理氯化钠溶液和各种氯化钠注射液，该药物中主要含有一些无机盐杂质。

三、实验材料、试剂与仪器

1. 实验材料和试剂

氯化钠原料药。

溴麝香草酚蓝指示液。

氢氧化钠滴定液(0.02mol/L)。

盐酸滴定液(0.02mol/L)。

新配制的淀粉混合液:取可溶性淀粉 0.25g,加水 2ml,搅匀,再加沸水至 25ml,边加边搅拌,放冷,加 0.025mol/L 硫酸溶液 2ml、亚硝酸钠试液 3 滴与水 25ml,混匀。

苯酚红混合液:取硫酸铵 25mg,加水 235ml,加 2mol/L 氢氧化钠溶液 105ml,加 2mol/L 乙酸溶液 135ml,摇匀,加苯酚红溶液(取苯酚红 33mg,加 2mol/L 氢氧化钠溶液 1.5ml,加水溶解并稀释至 100ml,摇匀即得)25ml,摇匀,必要时调节 pH 值至 4.7。

0.01%氯胺 T 溶液(临用新制)。

0.1mol/L 硫代硫酸钠溶液。

标准溴化钾溶液:精密称取在 105℃ 干燥至恒重的溴化钾 30mg,加水溶解成 100ml,摇匀,精密量取 1ml,置 100ml 量瓶中,用水稀释至刻度,摇匀即得。每 1ml 溶液相当于 $2\mu g$ 的 Br。

标准硫酸钾溶液。

25%氯化钡溶液。

含铁混合液:取硫酸铁铵溶液(取硫酸铁铵 1g,加 0.05mol/L 硫酸溶液 100ml 使溶解)5ml 与 1%硫酸亚铁溶液 95ml,混匀。

标准铅溶液(10μg Pb/ml)。

乙酸盐缓冲液(pH3.5)。

硫代乙酰胺试液等。

2.实验仪器

试管,试管架,移液管,刻度吸管,10ml 纳氏比色管,25ml 纳氏比色管,50ml 纳氏比色管,比色管架,瓷蒸发皿,量筒,研钵,扁形称量瓶,紫外-可见分光光度计等。

四、实验内容与步骤

1.酸碱度检查:取本品 5.0g,加水 50ml,溶解后加溴麝香草酚蓝指示液 2 滴,如显黄色,加氢氧化钠滴定液(0.02mol/L)0.10ml,应变为蓝色;如显蓝色或绿色,加盐酸滴定液(0.02mol/L)0.20ml,应变为黄色。

2.溶液的澄清度与颜色检查:取本品 5.0g,加水 25ml 溶解后,溶液应澄清无色。

3.碘化物检查:取本品的细粉 5.0g,置瓷蒸发皿内,滴加新配制的淀粉混合液适量使晶粉湿润,置日光下(或日光灯下)观察,5min 内晶粒不得显蓝色痕迹。

4.溴化物检查:取本品 2.0g,置 100ml 量瓶中,加水溶解并稀释至刻度,摇匀,精密量取 5ml,置 10ml 纳氏比色管中,加苯酚红混合液 2.0ml 和 0.01%氯胺 T 溶液(临用新制)1.0ml,立即混匀,准确放置 2min,加 0.1mol/L 硫代硫酸钠溶液 0.15ml,用水稀释至刻度,摇匀,作为供试品溶液;另取标准溴化钾溶液 5.0ml,置 10ml 纳氏比色管中,同法制备,作为对照溶液。取对照溶液与供试品溶液,照紫外-可见分光光度法,以水为空白,在 590nm 处测定吸光度,供试品溶液的吸光度不得大于对照溶液的吸光度(0.01%)。

5.硫酸盐检查:取本品 5.0g,加水溶解使成约 40ml(溶液如不澄清,应滤过),置 50ml 纳氏比色管中,加稀盐酸 2ml,摇匀,即得供试品溶液。另取标准硫酸钾溶液 1.0ml,置

50ml 纳氏比色管中,加水使成约 40ml,加稀盐酸 2ml,摇匀,即得对照溶液。于供试品溶液和对照溶液中,分别加入 25% 氯化钡溶液 5ml,用水稀释至 50ml,充分摇匀,放置 10min,同置黑色背景上,从比色管上方向下观察,供试品溶液的浊度不得更浓 (0.002%)。

6. 亚硝酸盐检查:取本品 1.0g,加水溶解并稀释至 10ml,照紫外-可见分光光度法,在 354nm 波长处测定吸光度,不得过 0.01。

7. 亚铁氰化物检查:取本品 2.0g,加水 6ml,超声使溶解,加含铁混合液 0.5ml,摇匀,10min 内不得显蓝色。

8. 干燥失重:取本品约 1g,置于已干燥至恒重的扁形称量瓶中,精密称定,在 105℃ 干燥至恒重,减失重量不得过 0.5%。

9. 重金属检查:取 25ml 纳氏比色管 3 支。甲管(标准管)中加标准铅溶液 (10μg Pb/ml)1ml、乙酸盐缓冲液(pH3.5)2ml 与水适量使成 25ml。乙管(供试品管)中加入本品 5.0g,加水 20ml 溶解后,加乙酸盐缓冲液(pH3.5)2ml 与水适量使成 25ml。丙管(标准加样管)加入本品 5.0g、标准铅溶液 1ml、乙酸盐缓冲液(pH3.5)2ml 与水适量使成 25ml。再在甲、乙、丙管中分别加入硫代乙酰胺试液 2ml,摇匀,放置 2min,同置白纸上,自上向下透视,丙管颜色不浅于甲管,乙管与甲管比,不得更深。含重金属不得过百万分之二。

10. 砷盐检查:取本品 5.0g,加水 23ml 溶解后,加盐酸 5ml,依法检查(《中国药典》通则 0822 第一法),应符合规定(0.00004%)。

五、注意事项

1. 比色管的正确使用。选择配对的两支比色管,用清洁液荡洗除去污物,再用水冲洗干净,采用旋摇的方法使管内液体混合均匀。

2. 检查干燥失重时,若供试品为较大的晶体,应先迅速捣碎使成 2mm 以下的小粒。供试品干燥时,厚度不可超过 5mm。放入烘箱时,应将瓶盖取下,置称量瓶旁,或将瓶盖半开进行干燥;取出时,需将称量瓶盖好。置烘箱内干燥的供试品,应在干燥后取出置干燥器中放冷,然后称定重量。

3. 一般情况下可取一份供试品进行检查,如结果不符合规定或在限度边缘,应对供试品和对照品各复检 2 份,方可判定。

六、思考题

1. 恒重的定义是什么?
2. 根据溴麝香草酚蓝指示液的变色范围,说明氯化钠的酸碱度限度。
3. 碘化物检查的原理是什么?

实验二　布洛芬原料药的鉴别及质量分析

一、实验目的

1. 掌握直接滴定法的操作要点、步骤和计算方法;
2. 熟悉红外光谱法鉴别药物的操作方法;
3. 熟悉直接滴定法测定芳酸类非甾体抗炎药物原料药的基本原理;
4. 熟悉红外分光光度计的仪器构造。

二、实验原理

布洛芬又称异丁苯丙酸,是世界卫生组织(WHO)、美国食品药品管理局(FDA)唯一共同推荐的儿童退烧药,是公认的儿童首选抗炎药。本药是有效的 PG 合成酶抑制剂,具有抗炎、镇痛、解热作用,主要用于治疗风湿性关节炎和类风湿关节炎,也可用于一般的解热镇痛,主要特点是胃肠道反应轻。

不良反应有轻度消化不良、皮疹;胃肠道出血不常见,但长期服用者仍应注意;偶见视物模糊及中毒性弱视,出现视力障碍者应立即停药。

1.原料药的鉴别

红外光谱法常用于有机化合物结构的确定,是一种专属性很强、应用较广的药物鉴别方法。固体、液体、气体样品均可采用红外光谱法鉴别。红外光谱法多用于组分单一、结构明确的原料药,因其专属性较强,特别适合于其他方法不易区别的同类药物。布洛芬的分子结构中具有苯环和羧基等官能团,通过红外光谱定性,能鉴别出其主要特征吸收峰的归属情况。布洛芬的红外光谱图如图 4-1 所示。

2.原料药含量的测定

芳酸类非甾体抗炎药物的结构特征为苯环取代的羧酸结构。基于药物结构中游离羧基的酸性和芳环的紫外吸收特性,本类药物原料药的含量测定主要采用酸碱滴定法。酸碱滴定法又包括直接滴定法、返滴定法和水解后剩余量滴定法等。而制剂的含量测定则主要采用紫外-可见分光光度法和高效液相色谱法。布洛芬结构中的羧基具有酸性,可以和氢氧化钠发生定量反应,反应式如下:

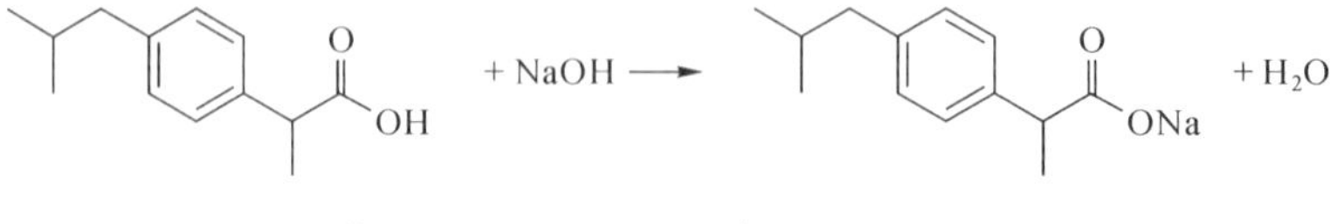

《中国药典》收载的布洛芬含量测定方法为直接滴定法。直接滴定法系将药物溶于中性乙醇、甲醇或丙酮中,以酚酞、酚红或酚磺酞为指示剂,用氢氧化钠滴定液直接滴定。布

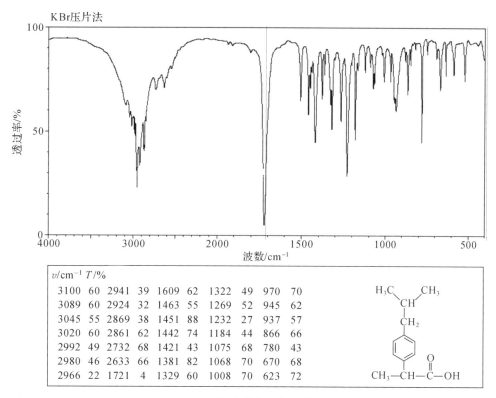

v/cm^{-1}	$T/\%$												
3100	60	2941	39	1609	62	1322	49	970	70
3089	60	2924	32	1463	55	1269	52	945	62
3045	55	2869	38	1451	88	1232	27	937	57
3020	60	2861	62	1442	74	1184	44	866	66
2992	49	2732	68	1421	43	1075	68	780	43
2980	46	2633	66	1381	82	1068	70	670	68
2966	22	1721	4	1329	60	1008	70	623	72

图 4-1 布洛芬的红外光谱图

洛芬在水中几乎不溶,易溶于乙醇,故使用乙醇做溶剂。因为乙醇对酚酞指示剂可能显酸性,可消耗氢氧化钠而使测定结果偏高,所以乙醇在使用之前应先用氢氧化钠中和至对酚酞指示剂显中性,亦可采用常规"空白试验校正"法扣除溶剂的影响。

三、实验试剂与仪器

1.实验试剂

布洛芬原料药,乙醇,酚酞指示液,氢氧化钠,纯化水,基准邻苯二甲酸氢钾。

2.实验仪器

红外分光光度计,分析天平,称量瓶,称量纸,药匙,研钵,量筒,玻璃棒,碱式滴定管,锥形瓶(250ml)。

四、实验内容与步骤

1.鉴别

用红外分光光度计进行官能团定性。本品的红外吸收图谱应与对照的图谱一致。

取供试品约 1mg,置玛瑙研钵中,加入干燥的溴化钾细粉约 200mg,充分研磨后混匀。取约 100mg 混合物装入洁净的压模中,制成试验薄片。将试样薄片装在红外分光光度计的样品架上，按仪器操作方法检测。参比为自制的纯溴化钾薄片。

2.含量测定

取本品约 0.5g，精密称定，加中性乙醇（对酚酞指示液显中性）50ml 溶解后，加酚酞指示液 3 滴，用氢氧化钠滴定液（0.1mol/L）滴定。每 1ml 氢氧化钠滴定液（0.1mol/L）相当于 20.63mg $C_{13}H_{18}O_2$。平行测定 3 次。

本品按干燥品计算，含 $C_{13}H_{18}O_2$ 不得少于 98.5%。

五、数据记录及处理

1.根据红外吸收谱图归纳出布洛芬中主要官能团的归属情况。

2.记录布洛芬原料药的含量测定数据，填于表 4-1 中。

氢氧化钠滴定液的浓度＝_____。

表 4-1 布洛芬原料药的含量测定数据记录

	1	2	3
W/g			
V_0/ml			
V_1/ml			
$\Delta V/ml$			
$\omega(C_{13}H_{18}O_2)/\%$			

注：W 为布洛芬的取样量，V_0 为氢氧化钠滴定液的初始体积读数，ΔV_1 为氢氧化钠滴定液的终末体积读数，ΔV 为氢氧化钠滴定液的消耗量。

3.按式（4-1）计算布洛芬原料药的含量，判断是否合格。

$$含量/\% = \frac{\Delta V \times T \times F}{W \times 1000} \times 100 \qquad (4-1)$$

式中：ΔV 为消耗的氢氧化钠滴定液的体积，ml；T 为滴定度，mg/ml；F 为氢氧化钠滴定液的浓度校正系数，$F = \dfrac{c'}{c}$（c' 为氢氧化钠滴定液的实际浓度，c 为氢氧化钠滴定液的标称浓度，0.1mol/L）；W 为供试品的取样量，g。

六、注意事项

1.滴定应在不断振摇下进行，以防止局部碱性过强，影响终点的判断。

2.近终点时，滴定速度要适当。

3.本品是弱酸，用强碱滴定时，化学计量点偏碱性，故选用酚酞做指示剂。

4.酚酞指示液：取酚酞 1g，加乙醇 100ml 使溶解，即得。变色范围 pH＝8.3～10.0（无色→红）。

5.氢氧化钠饱和溶液：取氢氧化钠适量，加水振摇使溶解成饱和溶液，冷却后，置聚乙烯塑料瓶中,静置数日,澄清后备用。

6.氢氧化钠滴定液(0.1mol/L):取澄清的氢氧化钠饱和溶液 5.6ml,加新沸过的冷水使成 1000ml,摇匀备用。取在 105℃ 干燥至恒重的基准邻苯二甲酸氢钾约 0.6g,精密称定,加新沸过的冷水 50ml,振摇,使其尽量溶解。加酚酞指示液 2 滴,用本液滴定,在接近终点时,应使邻苯二甲酸氢钾完全溶解,滴定至溶液显粉色。每 1ml 氢氧化钠滴定液(0.1mol/L)相当于 20.42mg 邻苯二甲酸氢钾。

七、思考题

1.为什么本实验要使用中性乙醇?中性乙醇怎么制备?

2.红外定性时,在 2300cm^{-1} 附近为何会出现尖峰甚至倒峰?

3.原料药含量测定时为什么可以超过 100%?

4.本实验滴定度:每 1ml 氢氧化钠滴定液(0.1mol/L)相当于 20.63mg $C_{13}H_{18}O_2$,是如何计算的?

实验三　药物中残留有机溶剂的气相色谱分析测定

——乙酸正丁酯中杂质的含量测定

一、实验目的

1.学习用内标标准曲线法定量的基本原理和测定试样中杂质含量的方法;

2.掌握气相色谱分析原理及其操作步骤;

3.掌握药物中常见有机残留溶剂的测定原理及其方法。

二、实验原理

对于试样中少量杂质的测定,或仅需要测定试样中某些组分时,可采用内标法。

设在质量为 $m_{试样}$ 的试样中加入内标物的质量为 m_s,被测组分的质量为 m_i,被测组分及内标物的峰面积分别为 A_s、A_i,则有

$$\frac{m_i}{m_s} = \frac{f_i A_i}{f_s A_s} \qquad (4\text{-}2)$$

$$m_i = m_s \frac{f_i A_i}{f_s A_s} \qquad (4\text{-}3)$$

待测组分的质量分数 w_i 可由式(4-4)求得。

$$w_i = \frac{m_i}{m_{试样}} \times 100\% = \frac{m_s}{m_{试样}} \frac{f_i A_i}{f_s A_s} \times 100\% \tag{4-4}$$

假定内标物的校正因子 $f_s = 1$，则待测组分的质量分数 w_i 可由式(4-5)求得。

$$w_i = \frac{m_s}{m_{试样}} \frac{f_i A_i}{A_s} \times 100\% \tag{4-5}$$

从式(4-5)可知，若想求得待测组分的含量，需先求出待测组分的校正因子 f_i。

内标标准曲线法的原理是配制一系列标准溶液，测得相应的 $\frac{A_i}{A_s}$ 和 $\frac{m_i}{m_s}$，以 $\frac{A_i}{A_s}$ 对 $\frac{m_i}{m_s}$ 作标准曲线，这样就可以在无需预先测定 f_i 的情况下，称取一定量的试样 $m_{试样}$ 和内标物 m_s，混合进样，根据 $\frac{A_i}{A_s}$ 值由标准曲线求得 $\frac{m_i}{m_s}$，再根据式(4-6)求得待测组分的质量分数 w_i。

$$w_i = \frac{m_s}{m_{试样}} \frac{m_i}{m_s} \times 100\% \tag{4-6}$$

三、实验试剂与仪器

1.实验试剂

高纯氮，高纯氢，异丙醇($\rho = 0.785\text{g/cm}^3$)，正庚烷($\rho = 0.68\text{g/cm}^3$)，环己烷($\rho = 0.779\text{g/cm}^3$)，甲醇($\rho = 0.7914\text{g/cm}^3$)，乙酸乙酯($\rho = 0.901\text{g/cm}^3$)，乙酸正丁酯($\rho = 0.8824\text{g/cm}^3$)，均为分析纯，未知试样 25ml(含 1.0g 正庚烷)。

标准溶液:按表 4-2 配制，分别置于 5 支 25ml 量瓶中，用乙酸正丁酯稀释，混匀备用。

表 4-2　标准溶液的组成

编号	$m_{正庚烷}$/g	$m_{甲醇}$/g	$m_{异丙醇}$/g	$m_{环己烷}$/g	$m_{乙酸乙酯}$/g
1	1.00	0.25	0.25	0.25	0.25
2	1.00	0.50	0.50	0.50	0.50
3	1.00	0.75	0.75	0.75	0.75
4	1.00	1.00	1.00	1.00	1.00
5	1.00	1.25	1.25	1.25	1.25

2.实验仪器

气相色谱仪，微量进样器($1\mu\text{l}$、$0.5\mu\text{l}$、$5\mu\text{l}$)，移液管(0.5ml、1ml、2ml)，低噪声空气净化源。

四、实验内容与步骤

1.实验条件

(1)固定液:二甲基聚硅烷(非极性);色谱柱:毛细管 $0.32\text{mm} \times 30\text{m}$。

(2)柱温:70℃;气化室(辅助Ⅰ)温度:150℃;检测器温度:150℃。

(3)载气:氮气;检测器:氢火焰离子化检测器(FID)。

(4)进样量:标准溶液 $1\mu l$;未知试样 $0.5\mu l$;纯物质:$0.2\mu l$。

2.实验步骤

(1)根据实验条件,按仪器操作步骤将气相色谱仪调节至可进样状态,待仪器的电路和气路系统达到平衡,色谱工作站的基线平直时,即可进样。

(2)吸取各纯物质 $0.2\mu l$ 进样,记录各纯物质的保留时间。

(3)吸取标准溶液 $1\mu l$ 进样,记录各组分的保留时间和色谱峰面积。

(4)在同样条件下,吸取未知试液 $0.5\mu l$ 进样,记录各组分的保留时间和色谱峰面积。

五、数据记录及处理

1.记录各纯物质的保留时间,填于表4-3中。

表 4-3　各纯物质的保留时间

	甲醇	异丙醇	乙酸乙酯	正庚烷	环己烷	乙酸正丁酯
保留时间/min						

2.记录标准溶液及未知试样色谱图上各组分色谱峰面积,填于表4-4中。

表 4-4　标准溶液及未知试样各组分色谱峰面积

编号	$A_{甲醇}/(\text{mV}\cdot\text{s})$	$A_{异丙醇}/(\text{mV}\cdot\text{s})$	$A_{乙酸乙酯}/(\text{mV}\cdot\text{s})$	$A_{环己烷}/(\text{mV}\cdot\text{s})$	$A_{正庚烷}/(\text{mV}\cdot\text{s})$
1					
2					
3					
4					
5					
未知试样					

3.以正庚烷为内标物质,计算 $\dfrac{m_i}{m_s}$ 和 $\dfrac{A_i}{A_s}$ 值。

4.以 $\dfrac{A_i}{A_s}$ 对 $\dfrac{m_i}{m_s}$ 作图,绘制各组分的标准曲线,得到线性回归方程和线性相关系数。若有个别数据远离标准曲线,应舍去。

5.根据未知试样 $\dfrac{A_i}{A_s}$ 的值,由标准曲线计算出相应的 $\dfrac{m_i}{m_s}$ 的值。

6.计算未知试样中甲醇、异丙醇、乙酸乙酯、环己烷的质量分数。

第四章　药物分析实验

六、注意事项

进样前一定要将微量注射器用相应试剂清洗干净,清洗干净的微量注射器应该专用,不能与其他微量注射器混用。

七、思考题

1.简要说出气相色谱仪的主要仪器部件,并画出其简易流程图。

2.实验中是否需要严格控制进样量,实验条件若有变化是否会影响测定结果,为什么?

3.内标标准曲线法中,是否需要校正因子,为什么?

4.根据纯物质的保留时间,确定各物质的沸点大小,并说明理由。

实验四　黄体酮原料药的鉴别与质量分析

一、实验目的

1.熟悉高效液相色谱的工作原理、仪器构造及操作方法;

2.掌握高效液相色谱法测定药物含量、检查药物杂质的操作方法;

3.复习并掌握外标法定量的计算方法和有关物质的检查方法。

二、实验原理

1.含量测定——高效液相色谱法(外标法定量)

在化学键合相色谱中,对于亲水性的固定相常采用疏水性流动相,即流动相的极性小于固定相的极性,这种情况称为正相化学键合相色谱法(简称正相色谱);反之,若流动相的极性大于固定相的极性,则称为反相化学键合相色谱法(简称反相色谱),该方法目前应用最为广泛。本实验采用反相液相色谱法,以 C_{18} 键合相色谱柱进行分离,紫外检测器进行检测,以外标法定量计算黄体酮原料药的含量。

外标法:按各品种项下的规定,精密量(称)取对照品和供试品,制成溶液,分别精密取一定量,进样,记录色谱图,测量对照品溶液和供试品溶液中被测物质的峰高(或峰面积),按式(4-7)计算含量。

$$含量(c_X) = c_R \times \frac{A_X}{A_R} \tag{4-7}$$

式中：A_X 为供试品中被测物质的峰面积（或峰高），A_R 为对照品的峰面积（或峰高），c_R 为对照品溶液浓度。

外标法简便，但要求进样量准确及操作条件稳定。由于微量注射器不易准确控制进样量，当采用外标法测定含量时，以手动进样器定量环或自动进样器进样为宜。

2. 有关物质的检查

在没有杂质对照品时，常采用不加校正因子的主成分自身对照法。该方法适用于无杂质对照品，在杂质含量较小且杂质结构（检测响应）与主成分相似（响应因子基本相同）的情况下，进行有关物质的检查。该方法是将供试品溶液稀释成与杂质限量相当的溶液作为对照溶液，分别进样。除另有规定外，供试品溶液的记录时间至少应为主成分色谱峰保留时间的 2 倍以上，测量供试品溶液色谱中各杂质的峰面积，并与对照溶液主成分的峰面积比较，计算杂质含量。

三、实验试剂与仪器

1. 实验试剂

黄体酮原料药，黄体酮对照品，超纯水，异烟肼，甲醇（色谱纯），甲醇（分析纯）

2. 实验仪器

高效液相色谱仪，超声波清洗机，电热恒温干燥箱，万分之一分析天平，称量瓶，称量纸，量瓶（50ml、10ml），刻度吸管（5ml、2ml），平头微量注射器（25μl），烧杯（50ml），移液管。

四、实验内容与步骤

1. 实验条件

(1)色谱柱：C_{18}（150mm×4.6mm，5μm）。

(2)流动相：甲醇：水＝75∶25。

(3)流速：1ml/min。

(4)检测器：紫外-可见分光检测器，241nm。

(5)进样量：20μl。

2. 含量测定

(1)对照品溶液的配制：取黄体酮对照品约 25mg，精密称定，置 50ml 量瓶中，以甲醇溶解并稀释至刻度，摇匀。

(2)供试品溶液的配制：取黄体酮供试品约 25mg，精密称定，置 50ml 量瓶中，以甲醇溶解并稀释至刻度，摇匀。

(3)精密量取供试品溶液 2ml，置 10ml 量瓶中，以甲醇溶解并稀释至刻度，摇匀，精密量取 20μl 注入高效液相色谱仪，记录色谱图。另取黄体酮对照品溶液，同法测定。按外标法以峰面积计算，即得。

本品按干燥品计算,含 $C_{21}H_{30}O_2$ 应为 98.0%～103.0%。

3.有关物质检查

精密量取供试品溶液 0.5ml,置 50ml 量瓶中,用甲醇溶解并稀释至刻度摇匀,作为对照溶液。精密量取供试品溶液与对照溶液各 $20\mu l$,分别注入液相色谱仪,记录色谱图至主成分保留时间的 2 倍,供试品中单个杂质的峰面积不得大于对照溶液主峰面积的 0.5 倍(0.5%),各杂质的峰面积的和不得大于对照溶液主峰面积(1%)。

五、数据记录及处理

1. $m_{对}=$ _____ mg; $m_{供}=$ _____ mg; $c_{对}=$ _____
含量测定结果填入表 4-5 中。

表 4-5　含量测定数据记录

对照品的峰面积	供试品的峰面积

2.有关物质测量数据填入表 4-6 中。

表 4-6　有关物质检查数据记录

t_R/min					
供试品各峰面积					
对照溶液主峰峰面积					

3.计算供试品的含量,并根据有关物质检查结果判断供试品是否合格。

六、注意事项

1.注意高效液相色谱仪的开、关机顺序。
2.分析完毕,必须马上清洗色谱柱,以保证色谱柱的寿命。

七、思考题

1.液相色谱中影响色谱峰扩展的因素有哪些?
2.何谓甾体类化合物?
3.何谓正相色谱和反相色谱?在应用上各有何特点?
4.内标法和外标法的定义、适用范围和优缺点分别是什么?

实验五　硫酸阿托品片的质量分析

一、实验目的

1. 掌握硫酸阿托品片的鉴别、含量测定原理和方法；
2. 熟悉紫外-可见分光光度计的使用方法及含量测定中的注意事项；
3. 了解对照品和供试品平行操作、萃取等操作要点。

二、实验原理

1. 鉴别

硫酸阿托品属于托烷生物碱类药物,分子中存在酯键,可水解生成莨菪酸,后者与发烟硝酸共热,生成黄色的三硝基衍生物,再与氢氧化钾的醇溶液、固体氢氧化钾作用脱羧,转化成具有共轭结构的阴离子而显深紫色,具体反应方程式如下：

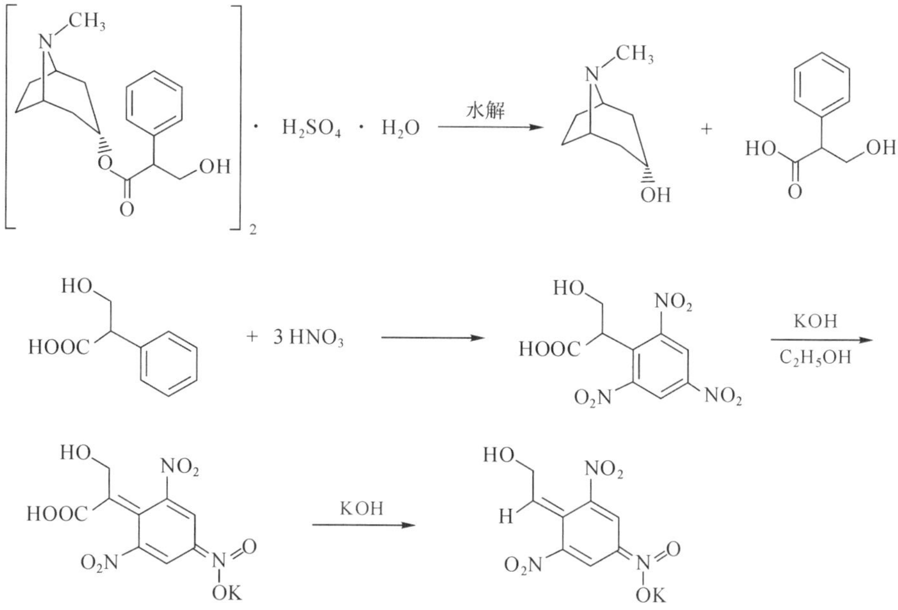

2. 含量测定

在适当 pH 的水溶液中,硫酸阿托品的阳离子(BH^+)与酸性染料溴甲酚绿的阴离子(In^-)定量结合成有色离子对($BH^+ \cdot In^-$),该离子对可以定量地被有机溶剂萃取。$BH^+ \cdot In^-$ 在氯仿中呈黄色,最大吸收波长为 420nm。测定有机相中有色离子对在 420nm 波长处的吸光度,并与对照品按同法比较,可求得其含量。

第四章　药物分析实验

51

$$BH^+ + In^- \rightleftharpoons (BH^+ \cdot In^-)_{水相} \rightleftharpoons (BH^+ \cdot In^-)_{有机相}$$

三、实验试剂与仪器

1.实验试剂

硫酸阿托品片,硫酸阿托品对照品,乙醚,发烟硝酸,氨试液,三氯甲烷,溴甲酚绿,邻苯二甲酸氢钾,氢氧化钠,纯化水。

2.实验仪器

紫外-可见分光光度计,分析天平,移液管,量瓶,研钵,分液漏斗等

四、实验内容与步骤

1.鉴别

(1)Vitali 反应:取本品细粉适量(约相当于硫酸阿托品 1mg),置分液漏斗中,加氨试液约 5ml,混匀,用乙醚 10ml 振摇提取后,分取乙醚层,置白瓷皿中,挥尽乙醚后,残渣显托烷生物碱类的鉴别反应(取残渣加发烟硝酸 5 滴,置水浴上蒸干,得黄色残渣,放冷,加乙醇 2～3 滴湿润,加固体氢氧化钾一小粒,即显深紫色)。

(2)本品的水溶液显硫酸盐的鉴别反应(取供试品溶液,滴加氯化钡试液,即生成白色沉淀,沉淀在盐酸或硝酸中均不溶解)。

2.含量测定

取本品 20 片,精密称定,研细,精密称取适量(约相当于硫酸阿托品 2.5mg),置 50ml 量瓶中,加水振摇使硫酸阿托品溶解并稀释至刻度,滤过,取续滤液,作为供试品溶液;另取硫酸阿托品对照品约 25mg,精密称定,置 25ml 量瓶中,加水溶解并稀释至刻度,摇匀,精密量取 5ml,置 100ml 量瓶中,用水稀释至刻度,摇匀,作为对照品溶液。

精密量取供试品溶液与对照品溶液各 2ml,分别置预先精密加入三氯甲烷 10ml 的分液漏斗中,各加溴甲酚绿溶液 2.0ml,振摇提取 2min 后,静置使分层,分取澄清的三氯甲烷液,照紫外-可见分光光度法(《中国药典》通则 0401),在 420nm 波长处分别测定吸光度,计算,并将结果乘以 1.027,即得。

溴甲酚绿溶液的配制:取溴甲酚绿 50mg 与邻苯二甲酸氢钾 1.021g,加 0.2mol/L 氢氧化钠溶液 6.0ml 使溶解,再用水稀释至 100ml,摇匀,必要时滤过。

本品含硫酸阿托品 $[(C_{17}H_{23}NO_3)_2 \cdot H_2SO_4 \cdot H_2O]$ 应为标示量的 90.0%～110.0%。

五、数据记录及处理

$$\overline{w} = \underline{\hspace{2cm}} g, c_s = \underline{\hspace{2cm}} mg/ml, m = \underline{\hspace{2cm}} g$$
$$A_x = \underline{\hspace{2cm}}, A_s = \underline{\hspace{2cm}}, B = \underline{\hspace{2cm}} mg$$

供试品含量相当于标示量的百分数可按式(4-8)计算。

$$标示量/\% = \frac{\dfrac{A_x}{A_s} \times c_s \times 50 \times 1.027 \times \overline{w}}{m \times B} \times 100 \tag{4-8}$$

式中：A_x 和 A_s 分别表示供试品和对照品的吸光度；c_s 为对照品溶液的浓度（mg/ml），m 为称取的药粉的质量（g）；$\overline{w}$ 为平均片重（g）；B 为标示量（mg）；1.027 为硫酸阿托品 $(C_{17}H_{23}NO_3)_2 \cdot H_2SO_4 \cdot H_2O$ 与硫酸阿托品对照品（无水硫酸阿托品）的相对分子质量换算系数；50 为供试品溶液的稀释倍数。

六、注意事项

1. 发烟硝酸有强烈的氧化性和腐蚀性，切勿与易氧化物接触，忌与皮肤接触。
2. 使用分液漏斗要防止漏液。
3. 三氯甲烷有毒，对环境有害，应回收至指定的容器内。

七、思考题

1. 酸性染料比色法的原理是什么？有哪些影响因素？
2. 请简述 Vitali 鉴别反应的原理。

实验六 维生素 A 软胶囊的含量测定

一、实验目的

1. 掌握三点校正法测定维生素 A 含量的原理和操作方法；
2. 掌握胶丸剂分析样品的处理方法与含量计算；
3. 熟悉三点校正法的计算方法。

二、实验原理

维生素 A 的结构为一个具有共轭多烯醇侧链的环己烯。维生素 A 能与氯仿、乙醚、环己烷或石油醚任意混合，在乙醇中微溶，在水中不溶。由于其中有多个不饱和键，性质不稳定，易被空气中氧或氧化剂氧化，易被紫外光裂解，并且对酸不稳定。其乙酸酯比维生素 A 稳定，临床上一般将本品或棕榈酸酯溶于植物油中应用。因此，维生素 A 及其制剂除需密封在凉暗处保存外，还需充氮气或加入合适的抗氧剂。

维生素 A 具有紫外吸收特征，在 325～328nm 范围内有最大吸收，可用于含量测定；

由于维生素 A 制剂中含有稀释用油,且维生素 A 原料药中混有其他杂质,包括多种异构体、氧化降解产物、合成中间体、副产物等有关物质,这些杂质在紫外区也有吸收。因此测得的吸光度中含有无关吸收引入的误差,需用校正公式校正以得到正确结果。本实验采用三点校正法测定。

三点校正法是在三个波长处测得吸光度,根据校正公式计算吸光度 A 校正值后,再计算含量。该原理主要基于以下两点:

(1)杂质的无关吸收在 310～340nm 波长范围内几乎呈一条直线,且随波长的增长吸光度下降。

(2)物质对光吸收呈加和性的原理,即在某一样品的吸收曲线上,各波长处的吸光度是维生素 A 与杂质吸光度的代数和,因而吸收曲线也是两者的叠加。

三点波长的选择采用等波长差法,即在最大吸收波长 λ_1 的左右各选一点为 λ_2 和 λ_3,使 $\lambda_3 - \lambda_1 = \lambda_1 - \lambda_2$。《中国药典》规定 $\lambda_1 = 328$nm,$\lambda_2 = 316$nm,$\lambda_3 = 340$nm。

维生素 A 软胶囊系取维生素 A,加精炼食用植物油(在 0℃ 左右脱去固体脂肪)溶解并调整浓度后制成。每粒含维生素 A 应为标示量的 90.0%～120.0%。

三、实验试剂与仪器

1.实验试剂

维生素软胶囊,环己烷,乙醚。

2.实验仪器

紫外-可见分光光度计,干燥注射器,50ml 棕色量瓶,烧杯若干个,干燥洁净的刀片,镊子,万分之一天平。

四、实验内容与步骤

1.平均装量的测定

取本品 20 粒,精密称定,用注射器将内容物抽出,再用刀片切开囊壳,囊壳用乙醚洗 3～4 次,置通风处使溶剂自然挥尽。再精密称定囊壳质量,求得内容物的平均装量。

2.含量测定

测定在半暗室中尽快进行。取内容物适量精密称定,置 50ml 棕色量瓶中,用环己烷溶解并稀释至每 1ml 含维生素 A 9～15 单位的溶液。照紫外-可见分光光度法,扫描 400～250nm 波长范围,测定其吸收峰的波长,并在表 4-7 所列各波长处测定吸光度,计算各吸光度与波长 328nm 处吸光度的比值和波长 328nm 处 $E_{1cm}^{1\%}$。

表 4-7 《中国药典》规定的吸光度比值

波长/nm	300	316	328	340	360
吸光度比值(A_i/A_{328})	0.555	0.907	1.000	0.811	0.299

如果最大吸收波长在 $326\sim329nm$ 之间,且所得各波长吸光度比值不超过表 4-7 中规定值的 ±0.02,则不用校正公式计算吸光度,可直接用 $328nm$ 波长处测得的吸光度 A_{328} 求得 $E_{1cm}^{1\%}$。

如果吸收峰波长在 $326\sim329nm$ 之间,但所测得的各波长吸光度的比值超过表 4-7 中规定值的 ±0.02,应按式(4-9)求出校正后的吸光度,然后再计算含量。

$$A_{328}(校正)=3.52(2A_{328}-A_{316}-A_{340}) \tag{4-9}$$

如果在 $328nm$ 处的校正吸光度与未校正吸光度相差不超过 $\pm3.0\%$,则不用校正,仍以未经校正的吸光度计算含量。

如果校正吸光度与未校正吸光度相差在 -15% 至 -3%,则以校正吸光度计算含量。

如果校正吸光度超出未校正吸光度的 -15% 至 3%,或者吸收峰波长不在 $326\sim329nm$ 之间,则供试品需采用皂化法测定。

五、数据记录及处理

1.供试品来源及规格:_____。

2.粒 数 = _____;$m_{总}$ = _____ g;$m_{壳}$ = _____ g;内容物平均装量 _____ g。

3.$m=$ _____ g,稀释方法:_____。

将吸光度比值填入表 4-8 中。

表 4-8　吸光度比值

波长/nm	300	316	328	340	360
吸光度 A_i					
吸光度比值(A_i/A_{328})					
规定比值					
比值之差					

4.计算供试品中维生素 A 效价(IU/g)及占标示量的百分含量。

六、注意事项

1.维生素 A 遇光易氧化变质,故测定应在半暗室中尽快进行。

2.用三点校正法测定时,除其中一点在最大吸收波长外,其余两点均在最大吸收的两侧上升或下降陡部的波长处。若仪器波长不够准确,即会带入较大误差,故测定前应对所用仪器进行波长校正。

3.为防止污染环境,环己烷应回收至指定的回收处。

七、思考题

1.为何不直接以紫外-可见分光光度法测定维生素 A 的含量,而要采用较为烦琐的三点校正法？用于测定的三点该如何选择？

2.本实验为何要在半暗室中进行？

实验七　阿莫西林克拉维酸钾干混悬剂的质量分析

一、实验目的

1.掌握阿莫西林克拉维酸钾干混悬剂鉴别、有关物质检查、含量测定的方法；

2.熟悉《中国药典》等文献的查阅方法；

3.了解高效液相色谱仪的构造；

4.熟悉高效液相色谱仪的使用方法。

二、实验原理

阿莫西林克拉维酸钾干混悬剂是由阿莫西林三水合物（图 4-2）和克拉维酸钾（图 4-3）组成的混合制剂。其中，阿莫西林（按 $C_{16}H_{19}N_3O_5S$ 计）与克拉维酸（$C_8H_9NO_5$）标示量之比为 4:1 或 7:1 或 14:1。阿莫西林为广谱青霉素类抗生素，克拉维酸钾仅有微弱的抗菌活性，但后者具有强大的广谱 β-内酰胺酶抑制作用，两者合用，可以保护阿莫西林免遭 β-内酰胺酶水解。该药适用于敏感菌引起的上呼吸道感染、下呼吸道感染、泌尿系统感染、皮肤及软组织感染及其他感染。

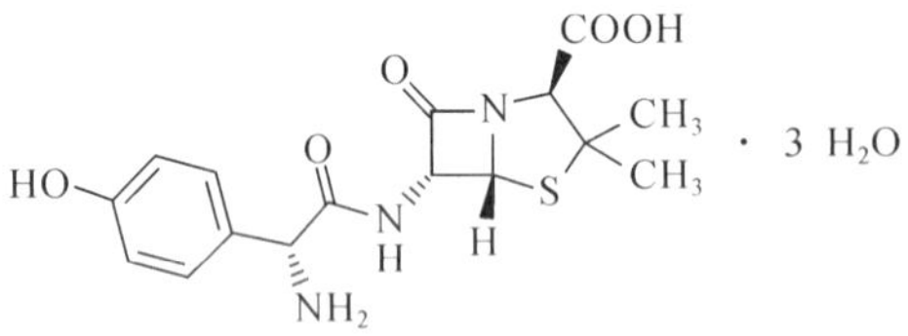

图 4-2　阿莫西林三水合物 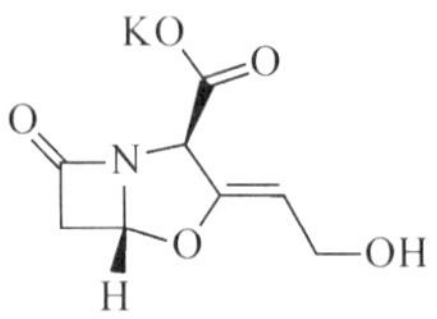　　　　图 4-3　克拉维酸钾

阿莫西林侧链酰胺上具有苯环取代基，该药有紫外吸收特性，因此可以利用薄层色谱法对其进行鉴别。

本实验采用反相液相色谱法，以 C_{18} 键合相色谱柱进行分离，紫外检测器进行检测，以外标法定量计算阿莫西林的浓度，计算公式如下：

$$被测药物的浓度(c_X) = c_R \times \frac{A_X}{A_R} \tag{4-10}$$

式中：A_X、A_R 分别为供试品和对照品中被测药物的峰面积；c_X 和 c_R 分别为供试品和对照品中被测药物的浓度。

三、实验试剂与仪器

1. 实验试剂

阿莫西林克拉维酸钾干混悬剂,阿莫西林对照品,克拉维酸对照品,头孢克洛对照品,乙酸乙酯,乙醚,二氯甲烷,甲酸,0.01mol/L 磷酸二氢钾溶液(pH6.0),乙腈(色谱纯),0.05mol/L 磷酸二氢钠溶液(pH4.4±0.1),磷酸盐缓冲液(pH7.0),纯化水。

2. 实验仪器

高效液相色谱仪,超声波清洗机,万分之一分析天平,称量瓶,称量纸,硅胶 GF$_{254}$ 薄层板,紫外灯,烧杯、漏斗,平头微量注射器(25μl),烧杯,研钵,量瓶,药匙,滤纸。

四、实验内容与步骤

1. 鉴别

(1)取本品 1 包,研细,加 pH7.0 磷酸盐缓冲液溶解(必要时冰浴超声 10~15min 助溶),并制成每 1ml 中约含阿莫西林(按 C$_{16}$H$_{19}$N$_3$O$_5$S 计)5mg 的溶液,滤过,取续滤液作为供试品溶液;取阿莫西林对照品与克拉维酸对照品各适量,加 pH7.0 磷酸盐缓冲液溶解(必要时冰浴超声 10~15min 助溶,其中克拉维酸待超声后加入)制成每 1ml 阿莫西林(按 C$_{16}$H$_{19}$N$_3$O$_5$S 计)和克拉维酸各 5mg 的溶液,作为对照品溶液;另取阿莫西林对照品、克拉维酸对照品和头孢克洛对照品各适量,加 pH7.0 磷酸盐缓冲液溶解(必要时冰浴超声 10~15min 助溶,其中克拉维酸待超声后加入),并稀释制成每 1ml 中含阿莫西林(按 C$_{16}$H$_{19}$N$_3$O$_5$S 计)、克拉维酸和头孢克洛各 5mg 的混合溶液,作为系统适用性溶液。照薄层色谱法(《中国药典》通则 0502)试验,吸取上述三种溶液各 2μl,分别点于同一硅胶 GF$_{254}$ 薄层板上,以乙酸乙酯-乙醚-二氯甲烷-甲酸(5:4:5:4)为展开剂,展开,晾干,置紫外光灯(365nm)下检视。系统适用性溶液应显三个清晰分离的斑点;供试品溶液所显主斑点的位置和荧光应与对照品溶液主斑点的位置和荧光相同。

(2)在含量测定项下记录的色谱图中,供试品溶液两个主峰的保留时间应与对照品溶液两个主峰的保留时间一致。

以上(1)、(2)两项可选做一项。

2. 有关物质检查

取本品的细粉适量,加流动相 A 溶解(必要时冰浴超声 5~10min 助溶),并稀释制成每 1ml 中约含阿莫西林(按 C$_{16}$H$_{19}$N$_3$O$_5$S 计)2mg 的溶液,滤过,取续滤液作为供试品溶液;精密量取适量,用流动相 A 定量稀释制成每 1ml 中含阿莫西林(按 C$_{16}$H$_{19}$N$_3$O$_5$S 计)40μg 的溶液,作为对照溶液。照高效液相色谱法(《中国药典》通则 0512)测定,用十八烷基硅烷键合硅胶为填充剂;流动相 A 为 0.01mol/L 磷酸二氢钾溶液(用 2mol/L 氢氧化钠溶液调节 pH 值至 6.0),流动相 B 为 0.01mol/L 磷酸二氢钾溶液(用 2mol/L 氢氧化钠溶液调节 pH 值至 6.0)-乙腈(20:80);检测波长为 230nm;先以流动相 A-流动相 B

（98：2）等度洗脱，待阿莫西林洗脱完毕后立即按表 4-9 进行线性梯度洗脱。阿莫西林峰的保留时间约为 10min，取阿莫西林克拉维酸系统适用性对照品，加流动相 A 溶解，并稀释制成每 1ml 中约含 2.5mg 的溶液，取 20μl 注入液相色谱仪，记录的色谱图应与标准图谱一致。精密量取供试品溶液与对照溶液各 20μl，分别注入液相色谱仪，记录色谱图。供试品溶液色谱图中如有杂质峰，单个杂质峰面积不得大于对照溶液两个主峰面积和的 1.25 倍（2.5%），各杂质峰面积的和不得大于对照溶液两个主峰面积和的 3.5 倍（7.0%），供试品溶液色谱图中小于对照溶液两个主峰面积和 0.05 倍的峰忽略不计。

表 4-9　梯度洗脱程序

时间/min	流动相 A/%	流动相 B/%
0	98	2
20	70	30
22	98	2
32	98	2

3. 含量测定

（1）色谱条件与系统适用性试验：用十八烷基硅烷键合硅胶为填充剂；以 0.05mol/L 磷酸二氢钠溶液（取磷酸二氢钠 7.8g，加水 900ml 使溶解，用 10% 磷酸溶液或氢氧化钠试液调节 pH 值至 4.4±0.1，加水稀释至 1000ml)-甲醇（95：5）为流动相；检测波长为 220nm。取阿莫西林克拉维酸系统适用性对照品，加流动相溶解，并稀释制成每 1ml 中含阿莫西林（按 $C_{16}H_{19}N_3O_5S$ 计）0.8mg 的溶液，取 20μl 注入液相色谱仪，记录的色谱图应与标准图谱一致。

（2）测定法：取本品 10 包，研细，精密称取适量（相当于平均装量），加水适量，超声使溶解，并定量稀释制成每 1ml 中含阿莫西林（按 $C_{16}H_{19}N_3O_5S$ 计）约 0.5mg 的溶液，滤过，作为供试品溶液，立即精密量取续滤液 20μl 注入液相色谱仪，记录色谱图；另分别精密称取阿莫西林对照品与克拉维酸对照品适量，加水溶解并定量稀释制成与供试品溶液浓度相同的混合溶液，作为对照品溶液，同法测定。按外标法以峰面积分别计算供试品中 $C_{16}H_{19}N_3O_5S$ 和 $C_8H_9NO_5$ 的含量。

阿莫西林（按 $C_{16}H_{19}N_3O_5S$ 计）应为标示量的 90.0%～120.0%，含克拉维酸（$C_8H_9NO_5$）应为标示量的 90.0%～125.0%。

五、数据记录及处理

1. 有关物质检查数据填入表 4-10 中。

表 4-10　有关物质检查数据记录

t_R/min					
供试品的各峰面积					
对照溶液主峰峰面积					

2.$m_{供}$（阿莫西林克拉维酸钾干混悬剂）＝＿＿＿＿＿mg；$m_{对}$（阿莫西林）＝＿＿＿＿＿
mg；$m_{对}$（克拉维酸）＝＿＿＿＿＿mg。

含量测定数据填入表 4-11 中。

表 4-11　含量测定数据记录

$A_{对}$（阿莫西林）	$A_{对}$（克拉维酸）	$A_{供}$（阿莫西林）	$A_{供}$（克拉维酸）

六、思考题

1.为什么阿莫西林克拉维酸钾干混悬剂遇酸或者碱不稳定？

2.阿莫西林中加入克拉维酸钾的作用是什么？

实验八　注射用赖氨匹林中赖氨酸含量测定高效液相方法学验证

一、实验目的

1.掌握药物含量测定方法学的验证；

2.熟悉《中国药典》等文献的查阅方法；

3.熟悉高效液相色谱仪的使用方法。

二、实验原理

注射用赖氨匹林（图 4-4）为赖氨酸阿司匹林盐的无菌粉末，是一种非甾体抗炎药，具有解热镇痛作用，《中国药典》采用高效液相色谱法对注射用赖氨匹林中赖氨酸的含量进行测定，按平均装量计算，含赖氨匹林（$C_{15}H_{22}N_2O_6$）以阿司匹林

图 4-4　赖氨匹林

$(C_9H_8O_4)$ 计应为标示量的 $49.7\% \sim 60.7\%$，以赖氨酸$(C_6H_{14}N_2O_2)$ 计应为标示量的 $40.3\% \sim 49.3\%$，通过一系列实验检验 HPLC 是否适用于注射用赖氨匹林中赖氨酸的含量测定，同时也评价该检验方法的耐用性。

三、实验材料、试剂和仪器

1.实验材料和试剂

注射用赖氨匹林，盐酸赖氨酸对照品(含量 99.9%)，庚烷磺酸钠，磷酸二氢钾，磷酸，乙酸，甲酸，高氯酸，α-萘酚苯甲醇，乙腈(色谱纯)，所用水为纯化水。

流动相 A：缓冲液(取庚烷磺酸钠 2.2g，磷酸二氢钾 13.6g，溶于 1000ml 水中，用磷酸调节 pH 至 2.5，抽滤，即得)-乙腈(93：7)。

流动相 B：缓冲液(取庚烷磺酸钠 2.2g，磷酸二氢钾 13.6g，溶于 1000ml 水中，用磷酸调节 pH 至 2.5，抽滤，即得)-乙腈(60：40)。

按表 4-12 进行梯度洗脱。

表 4-12　梯度洗脱

时间/min	流动相 A/%	流动相 B/%
0	100	0
10	100	0
15	0	100
25	0	100
30	100	0
45	100	0

2.实验仪器

高效液相色谱仪，万分之一分析天平，酸度计。

色谱柱：XDB C_8(4.6mm×250mm，5μm)。

检测器：紫外检测器，检测波长为 210nm。

进样量：10μl。

流速：2.0ml/min。

四、实验内容与步骤

1.系统适用性试验

赖氨酸峰型应尖锐。赖氨匹林峰与相邻杂质峰的分离度应大于 1.5，理论塔板数以阿司匹林峰计不小于 2000。

2.精密度试验

称取盐酸赖氨酸对照品适量，用水溶解并稀释制成含赖氨酸约 1mg/ml 的溶液，精密量取 10μl 注入液相色谱仪,连续进样 5 次,计算其峰面积测量值(小于 2.0%)和主峰保留时间(小于 1.0%)的相对标准偏差,填入表 4-13 中。

表 4-13　对照品峰面积与保留时间 RSD

序号	主峰峰面积	主峰保留时间/min
1		
2		
3		
4		
5		
平均值		
RSD/%		

3.回收率试验

称取对照品 3 份,分别加水溶解并稀释配制成含赖氨酸 80%、100%、120% 的溶液,每个浓度各 3 份,分别精密量取各溶液 10μl 进液相色谱仪,计算回收率,填入表 4-14 中。

表 4-14　回收率验证

序号	称样量	峰面积	回收量	回收率/%
1				
2				
3				
4				
5				
6				
7				
8				
9				
平均回收率/%				
RSD/%				

4.线性关系考察

取盐酸赖氨酸对照品适量,精密称定,加水溶解并稀释制成赖氨酸浓度分别为 800μg/ml、900μg/ml、1000μg/ml、1100μg/ml、1200μg/ml 的一系列标准溶液。用高效液相色谱法检测各溶液所对应的响应值,以赖氨酸浓度对测定响应值作线性拟合。

5.与非水滴定法的比较

取本品约 0.13g,精密称定,加乙酸 20ml、甲酸 1ml 及 α-萘酚苯甲醇的乙酸溶液(0.2→100)5 滴,用高氯酸溶液(0.1mol/L)滴定,至溶液显黄绿色,并将滴定结果用空白试验校正。每 1ml 高氯酸滴定液(0.1mol/L)相当于 16.32mg $C_{15}H_{22}N_2O_6$,所得结果与 HPLC 法进行比较。

五、注意事项

1.高氯酸具有强氧化性,操作时要小心。
2.高效液相色谱测定时,流动相和样品均应先过滤和超声。
3.注意高效液相色谱仪的开关机顺序。

六、思考题

1.高效液相色谱测定时,流动相和样品是否均应先过滤和超声?
2.反相高效液相色谱法的定义是什么?
3.列举影响非水滴定实验结果的一些因素。

拓展项目一 瑞格列奈的全分析

瑞格列奈是浙江××药业股份有限公司的主要产品之一,该药可以模仿胰岛素的生理性分泌,由此可有效控制餐后高血糖,可用于通过饮食控制、减轻体重及运动锻炼不能有效控制其高血糖的 2 型糖尿病(非胰岛素依赖型)患者。目前,你已成为该公司的 QC 分析员,你需要完成下列工作。

任务一、查阅瑞格列奈的分析方法

目标 1.瑞格列奈的性质

查阅瑞格列奈的结构式,根据分子式分析它的理化性质,并根据理化性质分析可能的鉴别方法和含量测定方法。

目标 2.瑞格列奈的合成方法

瑞格列奈的合成方法有哪些? 根据合成方法和稳定性预估可能存在的有关物质,并分析可采用的检查方法。

目标 3.合理使用《中国药典》

熟悉《中国药典》的查阅方法,并会合理利用网络资源、图书馆等进行文献检索。

任务二、方案设计

目标 1. 设计瑞格列奈的鉴别、检查和含量测定方法

整理分析查阅的资料,比较各种方法的特点,结合实际情况,设计实验室可行的瑞格列奈的鉴别、检查和含量测定方法,拟订工作计划。

目标 2. 设计"三废"处理方案

根据已拟订的鉴别、检查和含量测定方法,分析项目实施过程中试剂的性质,结合文献,制订"三废"处理方案,增强环保意识。

目标 3. 设计应急预案

结合已拟订的鉴别、检查和含量测定方法,掌握有毒、有害物品的正确使用方法。制订发生紧急情况后的应急处理方案。提高警惕,尽量避免实施过程中的危险和不规范操作,以保证项目能顺利实施。

任务三、方案的实践

目标 1. 方案的确定

通过小组汇报、讨论和老师点评等方式,确定最终的鉴别、检查和含量测定方法,完善工作计划。

目标 2. 实验前准备工作

根据确定的实验方案和工作计划,领取所需的试剂、实验装置、器材,配制相关溶液。

目标 3. 方案的实施

根据确定的实验方案和工作计划进行项目实施,主要包括瑞格列奈的鉴别、杂质检查和含量测定。在实施过程中如遇突发问题和不能实施的环节,小组内成员需共同讨论解决。指导教师在实施过程中加强巡查和指导。

任务四、结果展示

项目实施结果以实验报告的形式为主,报告中应体现以下内容:

1. 项目的实施背景:结合瑞格列奈的性质特点,对国内外分析测试方法进行综述。

2. 项目实施的可行性分析:项目实践中具体要怎么做?采用什么方法,可供参考的文献资料有哪些?

3. 项目实施的具体过程及结果:描述项目实施的具体过程。产品各指标如何,合格吗?

4. 发现问题。

5. 心得体会。

6. 参考文献。

任务五、强化练习

1. 有哪些重金属检查方法?

2.如何校正红外分光光度计,其试样有哪些制备方法?

3.色谱的系统适用性实验包括哪些参数,这些参数有什么意义?

4.如何进行校正和检定紫外-可见分光光度计?

5.如何用 pH 计测 pH 值?

拓展项目二　卡托普利的全分析

卡托普利是浙江××药业股份有限公司的拳头产品之一,该药是血管紧张素转化酶抑制剂,降压效果稳定可靠,是抗高血压的一线药物。卡托普利适用于各型高血压,对中、重度高血压合并使用利尿药可加强降压效果,降低不良反应。目前,你参加该公司的分析专员岗位面试,对方需要你独立完成下列工作。

任务一、查阅卡托普利的分析方法

目标 1.卡托普利的性质

查阅卡托普利的结构式,根据分子式分析其理化性质,并根据理化性质分析可采用的鉴别方法和含量测定方法。

目标 2.卡托普利的合成方法

卡托普利的合成方法有哪些? 根据合成方法和稳定性分析可能存在的物质,并分析可采用的检查方法。

目标 3.合理使用《中国药典》和国外药典

熟悉国内外药典的查阅方法,并会合理利用网络资源、图书馆等进行文献检索,分析《中国药典》和欧美药典的异同点。

任务二、方案设计

目标 1.设计卡托普利的鉴别、检查和含量测定方法

整理分析查阅的资料,比较各种方法的特点,结合实际情况,设计实验室可行的卡托普利的鉴别、检查和含量测定方法,拟订工作计划。

目标 2.设计"三废"处理方案

根据已拟订的鉴别、检查和含量测定方法,分析项目实施过程中试剂的性质,结合文献,制订"三废"处理方案,增强环保意识。

目标 3.设计应急预案

结合已拟订的鉴别、检查和含量测定方法,掌握有毒、有害物品的正确使用方法。提

出紧急情况发生后的应急处理方案。提高警惕,尽量避免实施过程中的危险和不规范操作,以保证项目能顺利实施。

任务三、方案的实践

目标 1.方案的确定

通过小组汇报、讨论、老师点评、进一步查阅资料等方式,确定最终的鉴别、检查和含量测定方法,完善工作计划。

目标 2.实验前准备工作

根据确定的实验方案和工作计划,领取所需的试剂、实验装置、器材,配制相关溶液,提前熟悉大型仪器的使用方法。

目标 3.方案的实践

根据确定的实验方案和工作计划进行项目实施,主要包括卡托普利的鉴别、杂质检查和含量测定。在实施过程中如遇突发问题和不能实施的环节,小组内成员需共同讨论解决。指导教师在实施过程中加强巡查和指导。

任务四、结果展示

项目实施结果以实验报告的形式为主,报告中应体现以下内容:

1.项目的实施背景:结合卡托普利的性质特点,对国内外分析测试方法进行综述。

2.项目实施的可行性分析:项目实践中具体要怎么做?采用什么方法,可供参考的文献资料有哪些?

3.项目实施的具体过程及结果:描述项目实施的具体过程。产品各指标如何,合格吗?设计并形成药品检验报告单。

4.发现问题。

5.心得体会。

6.参考文献。

任务五、强化练习

1.干燥失重测定的方法有哪几种?分别适用于哪些药物?

2.卡托普利中为什么要检查锌盐?

3.进行炽灼残渣检查时,需要注意什么?

4.原料药的含量测定首选什么方法,为什么?

5.比较中美两国药典在卡托普利原料药有关物质检查方面的差异。

第四章 药物分析实验

第五章　药物制剂实验

实验一　溶液型液体制剂的制备

一、实验目的

1.掌握溶液型液体制剂的制备方法；

2.掌握液体制剂制备过程中的各项基本操作；

3.掌握溶液型液体制剂中附加剂的使用方法。

二、实验原理

溶液型液体制剂(简称溶液剂)是药物以分子或离子状态溶解于适当溶剂中制成的液体制剂。溶液型液体制剂可以口服,也可以外用。常用的溶剂有水、乙醇、甘油、丙二醇、液体石蜡、植物油等。溶液型液体制剂分为低分子溶液剂和高分子溶液剂。前者是由低分子化合物形成,包括溶液剂、芳香水剂、糖浆剂等;后者是由高分子化合物形成,以水为溶剂时称亲水性高分子溶液剂(胶浆剂)。

低分子溶液剂的制备方法有溶解法和稀释法,以溶解法应用最多。一般制备过程为:称量→溶解→混合→过滤→加溶媒至全量→质量检查→包装。

(1)药物的称量和量取:固体药物常以克(g)为单位,根据药物量的大小,选用不同的天平称量。液体药物常以毫升(ml)为单位,选用不同的量杯或量筒进行量取。用量少的液体药物,也可采用滴管计滴数量取(标准滴管在 20℃时,1ml 蒸馏水应为 20 滴,其重量误差在±0.10g 之间)。量取液体药物后,应用少量蒸馏水洗涤器具,洗液合并于容器中,以减少药物的损失。

(2)溶解及加入药物:取处方溶液的 1/2～3/4 量,加入药物搅拌溶解,必要时加热。难溶性药物应先研细,搅拌使溶解,也可加入适量助溶剂或采用复合溶剂助溶。易溶解药物、液体药物及挥发性药物最后加入。酊剂加至水溶液中时,速度要慢,且应边加边搅拌。

(3)过滤:固体药物溶解后,一般都要过滤,可选用玻璃漏斗、布氏漏斗、垂熔玻璃漏斗等,滤材有脱脂棉、滤纸、纱布、绢布等。

高分子溶液剂的制备方法与低分子溶液剂类似,但高分子药物溶解时首先要经过溶胀过程。通常是将高分子药物撒于水面,待自然溶胀后,再搅拌或加热使其溶解。

成品应进行质量检查,项目一般包括外观、色泽、pH、含量等。质量检查合格后,定量分装于适当容器内,内服液体制剂用蓝色标签,外用则为红色标签。

三、实验试剂与仪器

1.实验试剂

薄荷油,乙醇,聚山梨酯80(吐温80,Tween 80),滑石粉,碘,碘化钾,硫酸亚铁,枸橼酸,蔗糖,羧甲基纤维素钠,甘油,对羟基苯甲酸乙酯(尼泊金乙酯),蒸馏水。

2.实验仪器

研钵,细口瓶(或碘量瓶),烧杯,三角烧瓶,玻璃漏斗,滤纸,脱脂棉,量筒,天平,移液管,玻璃棒,滴管等。

四、实验内容与步骤

(一)薄荷水的制备

1.处方(表5-1)

表 5-1　薄荷水处方

处方号	Ⅰ	Ⅱ	Ⅲ
薄荷油/ml	0.1	0.1	1
滑石粉/g	0.8		
吐温80/g		0.8	1
90%乙醇/ml			30
加蒸馏水至最终体积/ml	50	50	50

2.制法

(1)处方Ⅰ:取滑石粉置研钵中,加入薄荷油研匀,至被滑石粉充分均匀吸收后,加少量水研成糊状,再加部分蒸馏水洗涤并移至带盖的细口瓶中,加盖,振摇,若有沉淀则反复过滤至澄明,最后加蒸馏水适量成50ml,即得。

(2)处方Ⅱ:取薄荷油与吐温80混匀后,加蒸馏水,搅拌溶解,过滤至澄明,加蒸馏水适量成50ml,即得。

(3)处方Ⅲ:取薄荷油与吐温80混匀后,缓慢加入90%乙醇及蒸馏水适量溶解,过滤至澄明,加蒸馏水适量成50ml,即得。

3.注意事项

(1)薄荷油在水中溶解度较小,约为0.05%,故加入适量吐温80作增溶剂促进其溶解。

（2）本品亦可采用稀释法,用浓薄荷水 1 份加蒸馏水 39 份稀释制得。

（二）复方碘溶液

1.处方（表 5-2）

表 5-2   复方碘溶液处方

成分	用量
碘	1g
碘化钾	2g
蒸馏水	加至 20ml

2.制法

取碘化钾置容器内,加蒸馏水适量,搅拌使溶解,再将碘加入溶解,加蒸馏水至全量,过滤,即得。

3.用途

本品可调节甲状腺功能,用于缺碘引起的疾病,如甲状腺肿、甲亢等的辅助治疗。

4.注意事项

（1）碘具有腐蚀性,称量时可用玻璃器皿或蜡纸,不宜用普通纸,并不得接触皮肤与黏膜。

（2）在制备时,为使碘能迅速溶解,宜先将碘化钾加适量蒸馏水配成近浓溶液,然后加入碘溶解。

（3）碘溶液具有氧化性,应贮存于密闭玻璃塞瓶内,不得直接与木塞、橡胶塞及金属塞接触。为避免被腐蚀,可加一层玻璃纸衬垫。

（三）硫酸亚铁糖浆

1.处方（表 5-3）

表 5-3   硫酸亚铁糖浆处方

成分	用量
硫酸亚铁	1.5g
枸橼酸	0.1g
蒸馏水	5.0ml
10％薄荷醑	0.1ml
单糖浆	加至 50ml

2．制法

(1)10％薄荷醑的配制：取 1ml 薄荷油，加 90％乙醇 8ml 溶解，如不澄明，可加适量滑石粉，搅拌，滤过，再由滤器加 90％乙醇至 10ml，即得。

(2)将硫酸亚铁研细，加入枸橼酸水溶液中，搅拌使其溶解，用滤纸过滤；将滤液与适量单糖浆混匀，滴加薄荷醑，边加边搅拌，最后加单糖浆至 50ml，搅匀即得。

3．用途

本品为抗贫血药，用于缺铁性贫血。

4．注意事项

(1)制备单糖浆时，加热至稍沸后的时间不宜过长，否则蔗糖中转化糖含量过高。

(2)硫酸亚铁置空气中吸潮后易氧化生成黄棕色碱式硫酸铁，不能供药用，其水溶液长期放置同样会发生此变化。加入枸橼酸使溶液呈酸性，能促使蔗糖转化成果糖和葡萄糖，具有还原性，防止硫酸亚铁的氧化。

（四）羧甲基纤维素钠胶浆

1．处方(表 5-4)

表 5-4　羧甲基纤维素钠胶浆处方

成分	用量
羧甲基纤维素钠	1.0g
甘油	10ml
5％尼泊金乙酯醇溶液	0.5ml
蒸馏水	加至50ml

2．制法

(1)5％尼泊金乙酯醇溶液的配制：将尼泊金乙酯 0.5g 溶于 10ml 乙醇中，即得。

(2)取处方量羧甲基纤维素钠撒于盛有适量蒸馏水的烧杯中，先让其自然溶胀，然后稍加热使其完全溶解，将 5％尼泊金乙酯醇溶液、甘油加入烧杯中，最后补加蒸馏水至全量，搅拌均匀，即得。

3．注意事项

(1)羧甲基纤维素钠在冷、热水中均能溶解，但在冷水中溶解速度缓慢，应将其在适量冷水中充分溶胀后，再稍加热促溶解。

(2)羧甲基纤维素钠遇阳离子型药物及碱土金属、重金属盐会发生沉淀，因此不能使用季铵盐类和汞类防腐剂。

五、结果与讨论

(一)数据记录与处理

1.将各制剂成品的质量检查结果(色泽、嗅味、澄明度、pH)填入表 5-5 中。

表 5-5   质量检查结果

制剂		外观性状	pH
薄荷水	处方 I		
	处方 II		
	处方 III		
复方碘溶液			
硫酸亚铁糖浆			
羧甲基纤维素钠胶浆			

2.记录碘化钾溶解的水量以及加入碘的溶解速度。

(二)结果讨论

1.比较分析薄荷水处方的三种制备方法,选出你认为最佳的处方,并说明原因。
2.讨论有无添加碘化钾对碘溶解速度的影响。
3.硫酸亚铁糖浆采用何法制备?讨论影响产品质量的因素。
4.如何解决羧甲基纤维素钠胶浆配制过程中溶胀慢、易结块的问题?

六、思考题

1.说明制备薄荷水的三个处方增加药物溶解度的原理。
2.复方碘溶液的制备原理是什么?请用化学反应式表示。
3.试提出制备硫酸亚铁糖浆剂的新方法。
4.制备亲水性高分子溶液时应注意什么?

实验二　混悬剂的制备

一、实验目的

1. 掌握混悬液型液体制剂的一般制备方法；
2. 熟悉按药物性质选用合适的稳定剂；
3. 掌握混悬液型液体制剂的质量评定方法。

二、实验原理

混悬液型液体制剂（简称混悬剂）系指难溶性固体药物以微粒状态分散于液体分散介质中形成的非均相液体药剂，属于粗分散体系。分散质点一般在 $0.1 \sim 10\mu m$ 之间，但有的可达 $50\mu m$ 或更大。分散介质多为水，也可用植物油。优良的混悬剂除应具备一般液体制剂的要求外，还应具备以下要求：外观微粒细腻，分散均匀；微粒沉降缓慢，下沉的微粒经振摇能迅速均匀分散，不应结成饼块；微粒大小及液体黏度均应符合用药要求，易于倾倒且分剂量准确；外用混悬剂应易于涂布在皮肤患处，且不易被擦掉或流失。为安全起见，剧毒药不应制成混悬剂。

混悬剂属于热力学不稳定体系，在重力的作用下混悬剂中微粒静置时会发生沉降，其物理稳定性较差，常须加入各种稳定剂以增加其物理稳定性。根据 Stokes 定律 $V = \dfrac{2r^2(\rho_1 - \rho_2)g}{9\eta}$ 可知，要制备优良的混悬剂，应减小微粒半径（r），或减小微粒与液体介质的密度差（$\rho_1 - \rho_2$），或增加介质黏度（η）。故制备混悬液时，为使微粒沉降缓慢，应先将药物研细，并加入助悬剂增加分散介质的黏度。如羧甲基纤维素钠（CMC-Na）等除使分散介质黏度增加外，还能形成一个带电的水化膜包在微粒表面，防止微粒聚集。此外，还可采用加润湿剂（表面活性剂）、絮凝剂、反絮凝剂的方法来增加混悬剂的稳定性。

混悬液一般配制方法有分散法和凝聚法。

分散法是将粗颗粒的药物粉碎成符合粒径要求的微粒，再根据主药的性质混悬于分散介质中制得混悬剂的方法。亲水性药物可先粉碎到一定细度，再加处方中的液体适量，研磨到适宜的分散度，最后加入处方中的剩余液体至全量。水性溶液加液研磨时通常药物 1 份，加 $0.4 \sim 0.6$ 份液体分散介质；疏水性药物必须先加一定量的润湿剂与药物研匀，使药物颗粒润湿，在颗粒表面形成带电的吸附膜，最后加水性分散介质稀释至足量，混匀即得。

凝聚法分为物理凝聚法和化学凝聚法。物理凝聚法是将分子或离子状态分散的药物溶液加入另一分散介质中凝聚成混悬液的方法。用改变溶剂性质析出沉淀的方法制备混悬剂时，应将醇性制剂（如酊剂、醑剂、流浸膏剂）以细流缓缓加入水性溶液中，并快速搅拌。化学凝聚法是将两种或两种以上的药物溶液混合,发生化学反应生成难溶性药物微粒的方法。为使微粒细小均匀,化学反应在稀溶液中进行并应剧烈搅拌。

三、实验试剂与仪器

1.实验试剂

磺胺嘧啶,蔗糖,尼泊金乙酯,羧甲基纤维素钠,氢氧化钠,枸橼酸钠,枸橼酸,蒸馏水。

2.实验仪器

电子天平,研钵,药筛,具塞量筒,烧杯等。

四、实验内容与步骤

(一)磺胺嘧啶混悬剂的制备

1.处方(表5-6)

表 5-6　磺胺嘧啶混悬剂处方

处方号	Ⅰ	Ⅱ
磺胺嘧啶/g	2.5	2.5
单糖浆/ml	10	10
5%尼泊金乙酯醇溶液/ml	0.5	0.5
羧甲基纤维素钠/g	0.75	
氢氧化钠/g		0.4
枸橼酸钠/g		1.6
枸橼酸/g		0.35
加蒸馏水至总体积/ml	50	50

2.制法

(1)单糖浆的制备:取 42.5g 蔗糖,加至 25ml 沸蒸馏水中,搅拌使其溶解,继续加热至 100℃,用脱脂棉滤过,通过滤器加适量蒸馏水,冷却至室温时为 50ml,搅拌均匀,即得。

(2)5%尼泊金乙酯醇溶液的制备:取 5g 尼泊金乙酯,溶于适量乙醇中,加甘油 50g 混匀,再加入乙醇至 100ml,搅匀,即得。

(3)处方Ⅰ:按亲水性药物配制混悬液的方法制备。

(4)处方Ⅱ:按化学凝聚法配制。将磺胺嘧啶混悬于 20ml 蒸馏水中,搅拌下缓慢加入氢氧化钠水溶液,使其转化为磺胺嘧啶钠而溶于水溶液中。另将枸橼酸钠和枸橼酸溶于蒸馏水,滤过,滤液缓缓加入上述磺胺嘧啶钠溶液中,不断搅拌至析出磺胺嘧啶晶体,最后加入单糖浆和尼泊金乙酯醇溶液,急速搅拌下加蒸馏水至 50ml,即得。

3.用途

磺胺类抗菌药,用于溶血性链球菌、脑膜炎球菌、肺炎球菌等感染。

(二)混悬剂质量检查

1.微粒大小

混悬剂中微粒的大小不仅关系到混悬剂的质量和稳定性,也会影响混悬剂的药效和生物利用度。用显微镜法、库尔特计数法、浊度法、光散射法、漫反射法等可测定微粒大小及分布情况。

2.沉降体积比的测定

沉降物的体积测定,可评价混悬剂的沉降稳定性及所使用的稳定剂的效果。

方法:将混悬液倒入有刻度的具塞量筒中,密塞,用力振摇 1min,记录混悬液的开始高度 H_0,并放置,测定不同时间下沉降物的高度 H,按式(5-1)计算各个放置时间的沉降体积比。

$$\text{沉降体积比 } F = \frac{H}{H_0} \tag{5-1}$$

沉降体积比为 0~1,其数值愈大,混悬剂愈稳定。

3.絮凝度测定

絮凝度可评价絮凝剂的效果和预测混悬剂的稳定性。

絮凝度 $\beta = \dfrac{F}{F_\infty}$。其中,$\beta$ 表示由絮凝剂引起的沉降物体积增加的倍数,β 值越大,絮凝效果越好。F 与 F_∞ 之比表示絮凝混悬剂与无絮凝混悬剂的沉降体积比。

4.重新分散实验

重新分散实验能保证患者服用时的均匀性和分剂量的准确性。

方法:将上述装有混悬液的具塞量筒放置 1h(时间应稍长些,最好大于 24h,也可依条件而定),使其沉降,然后将具塞量筒倒置翻转(即±180°为一次),记录筒底沉降物分散完全所需翻转的次数。所需翻转的次数愈少,混悬剂重新分散性愈好。若始终未能分散,表示结块,亦应记录。

五、注意事项

1.配制 5% 尼泊金乙酯醇溶液时加入的甘油为稳定剂,能增加尼泊金乙酯转溶于水中的稳定性,防止析出颗粒。若不加甘油则可配成 2.5% 溶液,但用量应加大一倍。

2.用化学凝聚法制备混悬剂时,枸橼酸钠和枸橼酸溶液应缓缓加入磺胺嘧啶钠溶液中,并剧烈搅拌,防止析出粗大的磺胺嘧啶晶体。

3.比较用刻度试管或量筒,尽可能大小粗细一致,记录高度的单位用"ml"。

六、结果与讨论

1.数据记录与处理

制备磺胺嘧啶混悬剂,比较不同稳定剂的作用,将实验结果填于表 5-7 中。

表 5-7　混悬剂的沉降体积比(H/H_0)

沉降时间/min	处方 I		处方 II	
	H/ml	$F/\%$	H/ml	$F/\%$
0				
5				
10				
30				
60				
120				
沉降物再分散翻转次数				

2.绘制曲线

根据表 5-7 数据,以沉降体积比 F 为纵坐标,时间为横坐标,绘出各处方的沉降曲线,能得到什么结论?

3.结果讨论

(1)对实验中的两种混悬剂配制方法进行比较。

(2)根据质量检查结果,分析各处方优劣及其原因,并筛选出优化的处方。

七、思考题

1.亲水型药物与疏水型药物在制备方法上有何不同?

2.混悬剂的制备方法有哪几类?

3.影响混悬剂稳定性的因素有哪些?

4.优良的混悬剂应达到哪些质量要求?

实验三　乳剂的制备

一、实验目的

1. 掌握乳剂的一般制备方法；
2. 掌握乳剂类型的鉴别方法；
3. 熟悉测定油乳化所需亲水亲油平衡(HLB)值的方法。

二、实验原理

乳剂(亦称乳浊液)系指两种互不相溶的液体(通常为水和油)混合,其中一种液体以液滴状态分散于另一种液体中形成的非均相分散体系,可供内服、外用,经灭菌或无菌操作法制备的乳剂,也可供注射用。形成液滴的一相称为内相、不连续相或分散相,分散相液滴的直径一般在 $0.1\sim100\mu m$ 之间;而包在液滴外面的一相称为外相、连续相或分散介质。乳剂属于热力学不稳定体系,须加入乳化剂使其稳定,其类型主要取决于乳化剂的性质和乳化剂的 HLB 值。

乳剂因内、外相不同,主要分为水包油(O/W)型和油包水(W/O)型,可用稀释法和染色法等进行鉴别。

通常小量制备时,可在乳钵中研磨制得或在瓶中振摇制得,如以阿拉伯胶作乳化剂,常采用干胶法和湿胶法。工厂大量生产多采用乳匀机、高速搅拌器、胶体磨等制备。

三、实验试剂与仪器

1. 实验试剂

液体石蜡,阿拉伯胶,5％尼泊金乙酯醇溶液,氢氧化钙溶液,植物油,油酸山梨坦(司盘 80,Span 80),吐温 80,苏丹红,亚甲蓝,蒸馏水。

2. 实验仪器

乳钵,具塞广口瓶,具塞刻度试管,量筒,移液管,显微镜等。

第五章　药物制剂实验

四、实验内容与步骤

(一)液体石蜡乳的制备

1.处方(表5-8)

表 5-8　液体石蜡乳处方

成分	用量
液体石蜡	12ml
阿拉伯胶	4g
5%尼泊金乙酯醇溶液	0.1ml
蒸馏水	加至 30ml

2.制法

取阿拉伯胶粉置干燥乳钵中,分次加入液体石蜡研匀,一次加蒸馏水 8ml,不断研磨至形成浓厚的乳状液,再加适量水研磨,滴加尼泊金乙酯醇溶液,补加蒸馏水至全量,研匀即得。

3.用途

本品为轻泻药,用于治疗便秘,尤其适用于高血压、动脉瘤、痔、疝气及手术后便秘的病人,可以减轻排便的痛苦。

4.注意事项

(1)制备方法有两种:干胶法简称干法,适用于乳化剂为细粉者;湿胶法简称湿法,所用的乳化剂可以不是细粉,凡预先能制成胶浆(胶:水为1:2)者即可。

(2)初乳的制备是关键。油相与胶粉(乳化剂)充分研匀后,按液体石蜡:水:胶为3:2:1比例一次加水,迅速沿同一方向研磨,直至稠厚的初乳形成为止,其间不能改变研磨方向,也不宜间断研磨,必须待初乳形成后方可加水稀释。

(二)石灰搽剂的制备

1.处方(表5-9)

表 5-9　石灰搽剂处方

成分	用量
氢氧化钙溶液	10ml
植物油	10ml

2.制法

取氢氧化钙溶液加到装有植物油的瓶中,加盖用力振摇至乳剂生成。

注:本品由氢氧化钙与植物油中所含的少量游离脂肪酸进行皂化反应形成钙皂(新生

皂)为乳化剂。植物油可为菜油、麻油、花生油、棉籽油等。

3.用途

用于轻度烫伤,具有收敛、保护、润滑、止痛等作用。

(三)乳化植物油所需 HLB 值的测定

1.处方(表 5-10)

表 5-10　乳化植物油的处方

成分	用量
植物油	5ml
混合乳化剂	0.5g
蒸馏水	加至 10ml

2.测定方法

(1)用司盘 80(HLB 值为 4.3)、吐温 80(HLB 值为 15.0)配成 6 种混合乳化剂各 5g,使其 HLB 值分别为 4.3、6.0、8.0、10.0、12.0 和 14.0。计算各单个乳化剂的用量(g),填入表 5-11 中。

表 5-11　混合乳化剂复配表

	混合乳化剂 HLB 值					
	4.3	6.0	8.0	10.0	12.0	14.0
司盘 80/g						
吐温 80/g						

(2)取 6 支具塞刻度试管,各加入植物油 5ml,再分别加入上述不同 HLB 值的混合乳化剂各 0.5g,剧烈振摇 1min,然后加蒸馏水 2ml 振摇 20s,最后沿管壁慢慢加入蒸馏水至10ml,振摇 30s,即成乳剂。经放置 5min、10min、30min 和 60min 后,分别观察并记录各乳剂分层后上层的体积(ml)。

3.注意事项

6 支具塞刻度试管在手中振摇时,振摇的强度应尽量一致。

(四)乳浊液类型鉴别

1.染色法

将上述两种乳剂涂在载玻片上,加油溶性苏丹红染色,镜下观察。另用水溶性亚甲蓝染色,同样镜检,判断乳剂的类型。

2.稀释法

取试管两支,分别加入液体石蜡乳和石灰搽剂各 1 滴,加水约 5ml,振摇或翻转数次,观察混匀情况,能在水中分散均匀,融为一体者为 O/W 型乳剂,否则为 W/O 型乳剂。

3.注意事项

(1)镜检时注意区分乳滴和气泡。

(2)染色法所用检品及试剂,用量不宜过多,以防污染或腐蚀显微镜。

五、结果与讨论

1.数据记录与处理

(1)将液体石蜡乳、石灰搽剂的乳剂类型鉴别结果记录于表 5-12 中。

表 5-12　乳剂类型鉴别结果

	液体石蜡乳		石灰搽剂	
	内相	外相	内相	外相
苏丹红				
亚甲蓝				

(2)6 支具塞刻度试管经振摇后放置不同时间,观察并记录各乳剂的上层体积(ml),填于表 5-13 中。

表 5-13　各乳剂经放置后上层体积(ml)

		混合乳化剂 HLB 值					
		4.3	6.0	8.0	10.0	12.0	14.0
放置时间/min	5						
	10						
	30						
	60						

2.结果讨论

(1)观察显微镜下乳滴的形态,并讨论不同方法制得的乳剂的区别。

(2)判定乳剂类型:液体石蜡乳为_____型,石灰搽剂为_____型。

(3)根据表 5-13 观察结果,得到结论为:乳化植物油所需 HLB 值为_____,该乳剂类型为_____。

六、思考题

1.影响乳剂稳定性的因素有哪些?

2.常用乳剂类型的鉴别方法有哪些?

3.本实验制备液体石蜡乳和石灰搽剂,分别属于何种制备方法?乳化剂各是什么?

4.植物油所需 HLB 值的测定中,乳化剂 HLB 值设置间隔较大,若要准确测得植物油所需 HLB 值,应怎样设计实验?

实验四 注射剂的制备

一、实验目的

1.掌握注射剂的制备方法和操作要点,建立无菌生产的概念;
2.掌握注射剂质量检查方法;
3.了解影响成品质量的因素。

二、实验原理

注射剂系指药物与适宜的溶剂或分散介质制成的供注入体内的溶液、乳状液或混悬液及供临用前配制或稀释成溶液或混悬液的粉末或浓溶液的无菌制剂,可用于静脉注射、肌内注射、皮下注射、皮内注射等。注射剂的制备过程包括容器的处理以及原辅料的准备、配制、灌封、灭菌、质量检查、包装等步骤,其一般生产工艺流程如图 5-1 所示。

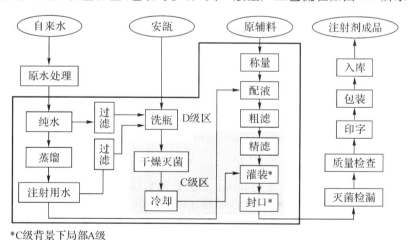

*C级背景下局部A级

图 5-1 注射剂生产工艺流程

由于注射剂直接注入体内,故药物吸收快,作用迅速,为保证用药的安全性和有效性,必须对其生产和质量进行严格控制。最终灭菌小容量注射剂的配液和过滤要求在 D 级空气净化条件下进行,产品灌封应该在 C 级环境下操作(产品容易长菌、灌装速度慢、灌装用容器为广口瓶、容器须暴露数秒后方可密封等高污染风险产品在 C 级背景下的局部 A 级）。

注射剂的质量要求：无菌、无热原、可见异物检查合格、使用安全（无毒性、溶血性和刺激性）；在贮存期内稳定有效；注射剂的 pH 值应接近体液，一般控制在 4～9 范围内；药物含量符合要求；凡大量静脉注射或滴注的输液，应调节渗透压等于或偏高于血浆渗透压。凡在水溶液中不稳定的药物常制成注射用无菌粉末（即粉针），以保证注射剂在贮存期内稳定、安全、有效。因此，在注射剂制备过程中，必须严格遵守注射剂生产操作规程及厂房要求，并按本产品的质量控制标准控制产品质量。

三、实验试剂与仪器

1.实验试剂

盐酸普鲁卡因，氯化钠，稀盐酸，注射用水。

2.实验仪器

pH 计，磁力搅拌器，微孔滤膜过滤器，配料罐，安瓿，灌注器，熔封灯，高压灭菌锅，可见异物检测仪。

四、实验内容与步骤

(一)2％盐酸普鲁卡因注射液的制备

1.处方(表5-14)

表 5-14　盐酸普鲁卡因注射液的处方

成分	用量
盐酸普鲁卡因	2.0g
氯化钠	0.5g
稀盐酸	调 pH 至 4.2～4.5
注射用水	加至 100ml

2.制法

溶解：取氯化钠，加注射用水约 90ml，加入盐酸普鲁卡因使溶解。

调 pH 值：用稀盐酸调 pH 值至 4.2～4.5。

吸附：加 0.1g 针用炭，室温搅拌 10min。

过滤：用滤纸过滤除炭，用 0.45μm 孔径的微孔滤膜精滤。

补液与灌封：加注射用水至全量，检查滤液可见异物，合格后灌装，2ml/支，熔封。

灭菌：100℃灭菌 30min。

3.用途

本品为临床常用的局部麻醉药品，主要用于局部麻醉和封闭时。

（二）质量检查

按《中国药典》二部盐酸普鲁卡因注射液项下项目与指标进行检查,应全部符合要求。

1.pH 值

pH 值应为 3.5～5.0(《中国药典》通则 0631)。

2.有关物质(对氨基苯甲酸)

照高效液相色谱法(《中国药典》通则 0512)测定。供试品溶液色谱图中如有与对氨基苯甲酸保留时间一致的色谱峰,按外标法以峰面积计算,不得超过标示量的 1.2％,其他杂质峰面积的和不得大于对照溶液的主峰面积(1.0％)。

3.渗透压摩尔浓度比

取本品,依法检查(《中国药典》通则 0632),渗透压摩尔浓度比应为 0.9～1.1。

4.细菌内毒素

取本品,可用 0.06EU/ml 以上高灵敏度的鲎试剂,依法检查(《中国药典》通则 1143),每 1mg 盐酸普鲁卡因中含内毒素的量应小于 0.20EU。

5.其他

应符合注射剂项下有关的各项规定(《中国药典》通则 0102)。

(1)装量:检查 2ml 安瓿 3 支。开启时注意避免损失,将内容物分别用相应体积的干燥注射器及注射针头抽尽,然后缓慢连续地注入经标化的量入式量筒内,在室温下检视。每支的装量均不得少于其标示装量。

(2)可见异物:除另有规定外,照可见异物检查法(《中国药典》通则 0904)检查,应符合规定。

(3)无菌:照无菌检查法(《中国药典》通则 1101)检查,应符合规定。

五、注意事项

1.盐酸普鲁卡因水溶液易发生水解,且易受溶液 pH 值的影响。为了提高药物的稳定性,在制备过程中将 pH 值控制在 4.2～4.5。

2.加热也能促进盐酸普鲁卡因的水解,温度升高或灭菌时间延长,都会引起注射液变黄。因此,盐酸普鲁卡因注射液用 100℃灭菌 30min。

六、结果与讨论

1.可见异物检查结果记录于表 5-15 中。

表 5-15　可见异物检查结果

检查总数/支	废品数/支						合格数/支	合格率/%
	玻屑	纤维	白点	焦头	其他	总数		

2.对各项质量检查结果进行分析讨论。

七、思考题

1.盐酸普鲁卡因注射液的制备过程中要调 pH 值至多少？为什么？

2.制备注射剂的操作要点是什么？

3.盐酸普鲁卡因注射液为什么要检查对氨基苯甲酸？

4.影响注射剂可见异物的因素有哪些？

实验五　颗粒剂的制备

一、实验目的

1.掌握颗粒剂的制备方法；

2.熟悉颗粒剂的质量检查方法。

二、实验原理

颗粒剂系指原料药与适宜的辅料混合制成的具有一定粒度的干燥颗粒状制剂,包括可溶颗粒、混悬颗粒、泡腾颗粒、肠溶颗粒、缓释颗粒和控释颗粒。常见的颗粒剂有板蓝根颗粒、感冒清热颗粒、头孢克肟颗粒等。

一般制备工艺流程为:原辅料粉碎→过筛→混合→制软材→制粒→干燥→整粒→质量检查→分剂量、包装。

制备颗粒剂的关键是控制软材的质量,以"手握成团,轻压即散"为原则。制得软材压过筛网后,可制成均匀的湿颗粒,无长条、块状及细粉。软材的质量要通过调节辅料(润湿剂、黏合剂)的用量及合理的搅拌与过筛条件来控制。如果软材不易分散,可用适量乙醇调整干湿度,以降低黏性,易于过筛。

湿颗粒制成后应及时干燥,一般控制在 60～80℃。整粒后将芳香挥发性物质、对湿热不稳定的药物加到干颗粒中。

颗粒剂易吸潮变质,为保证颗粒剂质量,应选择适宜的包装材料进行包装。

三、实验试剂与仪器

1.实验试剂

维生素 C,糊精,糖粉,酒石酸,70%乙醇。

2.实验仪器

天平,研钵,烧杯,药筛(100 目),尼龙筛(16 目),搪瓷托盘等。

四、实验内容与步骤

(一)维生素 C 颗粒剂的制备

1.处方(表 5-16)

表 5-16　维生素 C 颗粒剂处方

成分	用量
维生素 C	1.0g
糊精	10.0g
糖粉	9.0g
酒石酸	0.1g
70%乙醇(体积分数)	适量
	制成 10 袋

2.制法

将维生素 C、糊精、糖粉分别过 100 目筛,按等量递加混合法将维生素 C 与辅料混匀,再将酒石酸溶于 70%乙醇中,一次加入上述混合物中,混匀,制软材,过 16 目尼龙筛制粒,60℃以下干燥。取干颗粒进行整粒,并计算得率。

3.用途

本品为维生素类药,用于防治坏血病及其他由维生素 C 缺乏引起的疾病。

(二)颗粒剂的质量检查

1.外观

颗粒剂应干燥,颗粒均匀,色泽一致,无吸潮、结块、潮解等现象。

2.粒度

照粒度和粒度分布测定法(《中国药典》通则 0982 第二法双筛分法)测定。取单剂量包装的颗粒剂 5 袋(瓶)或多剂量包装的颗粒剂 1 袋(瓶),称定重量,置规定药筛中,保持水平状态过筛,左右往返,边筛动边拍打 3min。不能通过一号筛与能通过五号筛的颗粒和粉末的总和,不得超过供试量的 15%。

3.干燥失重

照干燥失重测定法(《中国药典》通则 0831)测定,于 105℃ 干燥(含糖颗粒应在 80℃ 减压干燥)至恒重,减失重量不得过 2.0%。

4.溶化性

本实验中维生素 C 为可溶性颗粒剂。取供试品 10g,加热水 200ml,搅拌 5min,立即观察,可溶颗粒应全部溶化或轻微浑浊。

5.装量差异

取供试品 10 袋(瓶),除去包装,分别精密称定每袋(瓶)内容物的质量,求出每袋(瓶)内容物的装量与平均装量。按《中国药典》通则 0104 规定(表 5-17),每袋(瓶)装量与平均装量相比较[凡无含量测定的颗粒剂,每袋(瓶)装量应与标示装量比较],超出装量差异限度的颗粒剂不得多于 2 袋(瓶),并不得有 1 袋(瓶)超出限度的 1 倍。

表 5-17　颗粒剂装量差异限度

平均装量或标示装量	装量差异限度
1.0g 及 1.0g 以下	±10%
1.0g 以上至 1.5g	±8%
1.5g 以上至 6.0g	±7%
6.0g 以上	±5%

五、注意事项

1.维生素 C 用量较小,故混合时应采用等量递加混合法,以保证混合均匀。

2.维生素 C 在润湿状态下易氧化分解变色,尤其与金属(如铜、铁)接触时。因此,在制粒过程中避免与金属器皿接触,尽量缩短制粒时间,并用稀乙醇作润湿剂制粒,较低温度下干燥。

3.处方中加入酒石酸(或用枸橼酸代替)作为金属离子螯合剂,防止维生素 C 遇金属离子变色。

六、结果与讨论

1.根据式(5-2)计算颗粒得率:

$$颗粒得率 = \frac{颗粒实际量(g)}{原辅料投入量(g)} \times 100\%$$

(5-2)

2.将实验结果填入表 5-18 中。

表 5-18　维生素 C 颗粒剂质量检查结果

外观	粒度	干燥失重	溶化性	装量差异

七、思考题

1.维生素 C 的氧化分解受哪些因素的影响？如何增加其稳定性？

2.若颗粒剂处方中含有挥发性成分,应如何处理？

3.制粒方法有哪些？简述湿法制粒制备工艺。

4.在制备颗粒剂的过程中会遇到哪些困难,如何解决？

实验六　硬胶囊剂的制备

一、实验目的

1.掌握硬胶囊剂制备的一般工艺流程;

2.掌握用胶囊灌装板手工填充胶囊的操作方法;

3.熟悉硬胶囊剂的质量检查方法;

4.了解空胶囊的规格与质量。

二、实验原理

胶囊剂系指药物加入适宜辅料充填于空心硬质胶囊或密封于弹性软质胶囊中而制成的固体制剂。硬质胶囊壳或软质胶囊壳的材料(简称囊材)都由明胶、甘油、水以及其他药用材料组成,但各成分的比例不尽相同,制备方法也不同。通常将胶囊剂分为硬胶囊剂和软胶囊剂(亦称胶丸)两大类。

硬胶囊剂制备工艺流程如图 5-2 所示。

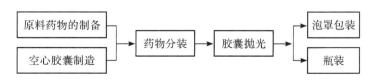

图 5-2　硬胶囊剂制备工艺流程

药物的填充形式包括粉末、颗粒、微丸等,填充方法有手工填充和机械灌装两种。硬胶囊剂制备的关键在于药物的填充,以保障药物剂量均匀,装量差异合乎要求。药物的流动性是影响填充均匀性的主要因素,对于流动性差的药物,需加入适宜辅料或制成颗粒以增加流动性,减少分层。图 5-3 为胶囊灌装板,由导向板、帽板(2 块)、体板(2 块)、中间板、刮粉板共计 7 块板组成。

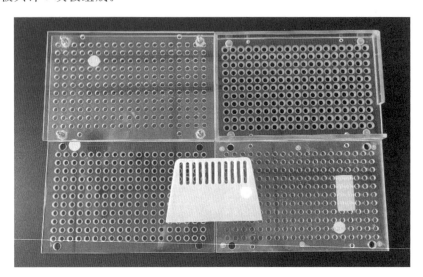

图 5-3　胶囊灌装板

物料流动性主要考察休止角、流出速度和压缩度等参数,最常用的是休止角。休止角是粉体堆积层的自由斜面与水平面所形成的最大角,是粒子在粉体堆积层的自由斜面上滑动时所受的重力和粒子间摩擦力达到平衡而处于静止状态下测得的。其大小可以间接反映流动性的好坏,用 θ 表示,若 $\theta < 30°$,说明流动性良好;若 $\theta > 40°$,则认为流动性差。休止角的测定方法有多种,如注入法、排出法、容器倾斜法等。本实验采用注入法测定休止角进行评价(图 5-4)。将漏斗固定于一定高度,下口与下端底盘(半径为 r 的表面皿)的中心点对齐,将粉末置于漏斗中,使其以细流流下,至粉末堆积从表面皿上缘溢出为止,测定圆锥体的高度 h,按式(5-3)计算休止角。

$$\theta = \arctan \frac{h}{r} \tag{5-3}$$

式中:θ 为休止角;r 为底盘半径;h 为圆锥体的高度。

三、实验试剂与仪器

1. 实验试剂

淀粉,微晶纤维素,预胶化淀粉,乳糖,微粉硅胶,硬脂酸镁,二甲硅油,对乙酰氨基酚。

2. 实验仪器

休止角测定仪,天平,研钵,胶囊灌装板,空胶囊,80 目筛,毛刷(或棉签),手套(或指套),搪瓷托盘。

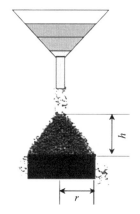

图 5-4　注入法测定休止角

四、实验内容与步骤

(一)不同物料的休止角测定

休止角的测定采用固定圆锥底法:将 2 只玻璃漏斗上下交错重叠,固定在铁架台上,以直径 7cm 的培养皿作为底盘,下部漏斗出口与底盘的距离约为 3.5~6.0cm。分别取淀粉、微晶纤维素、预胶化淀粉、乳糖粉末若干,从休止角测定仪漏斗上方慢慢加入,使辅料缓慢堆积在底盘上,形成锥体,直至得到最高的锥体为止,测定锥体的高 h。每种样品测定 3 次,取平均值,计算休止角。

(二)润滑剂的筛选

根据不同物料休止角的测定结果自选一种物料,分成 3 份,每份 30g,分别加入润滑剂微粉硅胶、硬脂酸镁、二甲硅油各 0.15g,用等量稀释法混合均匀,制成含润滑剂的粉末,分别测定休止角。

(三)对乙酰氨基酚胶囊的制备

1.处方(表 5-19)

表 5-19　对乙酰氨基酚胶囊处方

成分	用量
对乙酰氨基酚	10g
实验(一)所选物料	120g
实验(二)所选润滑剂	0.6g

2.制法

(1)原料药粉的准备:对乙酰氨基酚、实验(一)所选物料分别粉碎并过 80 目筛;取处方量的药物和辅料,以等量递加法混合;另取处方量润滑剂,以等量递加法与上述混合物混匀,备用。

(2)内容物的填充:采用有机玻璃制成的胶囊灌装板填充。先将囊帽、囊身分开,利用导向板将囊帽插入帽板、囊身插入体板孔洞中。调节体板上下层距离,使胶囊口与板面相平。在体板上倒上适量药粉,并用刮粉板来回刮动,使颗粒填充均匀。填满每个胶囊后,再刮净板面多余药粉。把中间板孔径较大的一面盖在帽板上,使囊帽口部进入中间板的套合孔中。将重叠的帽板和中间板翻转盖在已装好药粉的体板上并对齐,双手轻轻摇晃着下压使胶囊呈预锁合状态,再把整套板翻转使帽板向下并用力下压套合胶囊。取出胶囊,即得。

(四)胶囊剂的质量检查

1.外观

胶囊剂应整洁,不得有粘连、变形、渗漏或囊壳破裂现象,并应无异味。硬胶囊剂内容物应干燥、松紧适度、混合均匀。

2.水分

中药硬胶囊剂应进行水分检查。除另有规定外,不得超过 9.0%。

3.装量差异

取供试品 20 粒,分别精密称定重量,倾出内容物(不得损失囊壳),硬胶囊壳用小刷或其他适宜的用具(如棉签等)拭净,再分别精密称定囊壳重量,求出每粒内容物的装量与平均装量。

结果判定:按《中国药典》通则 0103 规定(表5-20),每粒装量与平均装量相比较,超出装量差异限度的不得多于 2 粒,并不得有 1 粒超出限度 1 倍。

表 5-20　胶囊剂重量差异限度

平均装量或标示装量	装量差异限度
0.30g 以下	±10%
0.30g 及 0.30g 以上	±7.5%

4.崩解时限

胶囊剂作为一种固体制剂,通常应做崩解时限检查。除另有规定外,取供试品 6 粒,照崩解时限检查法(《中国药典》通则 0921)检查,硬胶囊应在 30min 内全部崩解。如有 1 粒不能完全崩解,应另取 6 粒复试,均应符合规定。

五、注意事项

1.在填装过程中所施压力应均匀,使每一胶囊装量准确。

2.制备过程中必须保持清洁,胶囊灌装板、药匙等用前须用乙醇消毒。

3.胶囊剂易吸潮,填装时应快速,并在干燥环境下进行,以保证质量。

六、结果与讨论

1.数据记录与处理

(1)记录休止角测定结果(表5-21、表5-22)。

表 5-21　不同物料的流动性测定结果

	淀粉			微晶纤维素			预胶化淀粉			乳糖		
	1	2	3	1	2	3	1	2	3	1	2	3
休止角/(°)												
平均值/(°)												

表 5-22　不同润滑剂对物料流动性的影响

	微粉硅胶			硬脂酸镁			二甲硅油		
	1	2	3	1	2	3	1	2	3
休止角/(°)									
平均值/(°)									

(2)记录胶囊剂质量检查结果(表5-23、表5-24)。

表 5-23　胶囊剂的称重结果

	1	2	3	4	5	6	7	8	9	10
空胶囊重/mg										
填充后重/mg										
内容物重/mg										
装量差异/%										
	11	12	13	14	15	16	17	18	19	20
空胶囊重/mg										
填充后重/mg										
内容物重/mg										
装量差异/%										

表 5-24　胶囊剂质量检查结果

检查项目	结　果
外观性状	
水分含量/%	
装量差异	平均装量： 装量差异限度： 超出重量差异限度粒数： 最大超限者为差限的倍数： 结论：
崩解时限	

2.实验结论

(1)根据休止角测定情况,优选出物料及润滑剂,并说明理由。

(2)判定各项质量检查结果,得出制备的胶囊剂是否合格。

3.结果讨论

分析实验过程中存在的问题,提出解决方案,总结实验要点。

七、思考题

1.胶囊剂与片剂相比,有何特点？

2.胶囊剂有哪几类,分别适用于哪些药物？

3.手工填充制备胶囊剂时操作要点有哪些？

4.粉体的流动性对胶囊剂的性质影响较大,主要有哪些表征方法？

实验七　胶囊剂崩解时限的测定

一、实验目的

1.掌握胶囊剂崩解时限的测定方法；

2.熟悉崩解仪的调试和使用方法。

二、实验原理

崩解时限又称崩解度,系指口服固体制剂在规定条件下全部崩解溶散或成碎粒,除不溶性包衣材料或破碎的胶囊壳外,应全部通过筛网所需的时间。崩解时限是固体制剂质量检查的重要指标之一,各国药典都规定了崩解时限的测定方法和标准。除另有规定外,凡规定检查溶出度、释放度或分散均匀性的制剂,不再进行崩解时限检查。

仪器装置采用升降式崩解仪,主要结构为一能升降的金属支架与下端镶有筛网的吊篮,并附有挡板。能升降的金属支架上下移动距离为55mm±2mm,往返频率为每分钟30～32次。

(1)吊篮　玻璃管6根,管长77.5mm±2.5mm,内径21.5mm,壁厚2mm;透明塑料板2块,直径90mm,厚6mm,板面有6个孔,孔径26mm;不锈钢板1块(放在上面一块塑料板上),直径90mm,厚1mm,板面有6个孔,孔径22mm;不锈钢丝筛网1张(放在下面一块塑料板下),直径90mm,筛孔内径2.0mm;以及不锈钢轴1根(固定在上面一块塑料板与不锈钢板上),长80mm。将上述6根玻璃管垂直置于2块塑料板的孔中,并用3只螺丝将不锈钢板、塑料板和不锈钢丝筛网固定,即得(图5-5)。

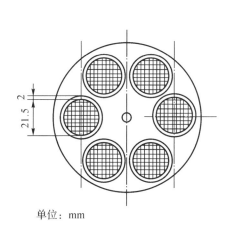 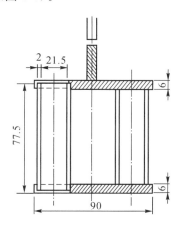

单位:mm

图5-5　升降式崩解仪吊篮结构

(2)挡板　挡板为一平整光滑的透明塑料块,相对密度1.18～1.20,直径20.7mm±0.15mm,厚9.5mm±0.15mm;挡板共有5个孔,孔径2mm,中央1个孔,其余4个孔距中心6mm,各孔间距相等;挡板侧边有4个等距离的V形槽,V形槽上端宽9.5mm,深2.55mm,底部开口处的宽与深度均为1.6mm(图5-6)。

硬胶囊或软胶囊,除另有规定外,取供试品6粒,按崩解时限检查法(化药胶囊如漂浮于液面,可加挡板;中药胶囊加挡板)进行检查。硬胶囊应在30min内全部崩解;软胶囊应在1h内全部崩解,以明胶为基质的软胶囊可改在人工胃液中进行检查。如有1粒不能完全崩解,应另取6粒复试,均应符合规定。

肠溶胶囊,除另有规定外,取供试品6粒,按上述装置与方法,先在盐酸溶液(9→1000)中不加挡板检查2h,每粒的囊壳均不得有裂缝或崩解现象;将吊篮取出,用少量水洗涤后,每管加入挡板,再按上述方法,改在人工肠液中进行检查,1h内应全部崩解。如有1粒不能完全崩解,应另取6粒复试,均应符合规定。

结肠肠溶胶囊,除另有规定外,取供试品6粒,按上述装置与方法,先在盐酸溶液(9→

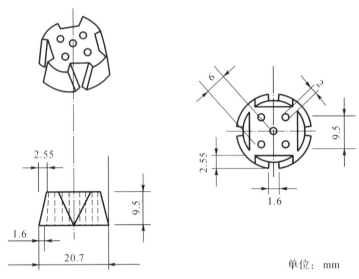

单位：mm

图 5-6　升降式崩解仪挡板结构

1000)中不加挡板检查 2h,每粒的囊壳均不得有裂缝或崩解现象;将吊篮取出,用少量水洗涤后,再按上述方法,在磷酸盐缓冲液(pH6.8)中不加挡板检查 3h,每粒的囊壳均不得有裂缝或崩解现象;将吊篮取出,用少量水洗涤后,每管加入挡板,再按上述方法,改在磷酸盐缓冲液(pH7.8)中检查,1h 内应全部崩解。如有 1 粒不能完全崩解,应另取 6 粒复试,均应符合规定。

三、实验试剂与仪器

1.实验试剂

对乙酰氨基酚胶囊,蒸馏水等。

2.实验仪器

崩解仪,量杯(1000ml)等。

四、实验内容与步骤

(一)崩解仪的调试与使用

该仪器主要由主机、水浴箱、吊篮、烧杯、加热组件及温度传感器等组成。其中,吊篮由 6 根玻璃管、不锈钢丝筛网构成并附有塑料挡板。

1.开机加热

在恒温水浴箱内注入蒸馏水至规定高度(红色标线)。接通电源,循环水泵开始工作,按加热键启动加热器,加热指示灯亮,显示的温度值(水浴实际温度)开始上升。

2.设定温度

通过按温度设定键来查看或设定恒温值,一般设定温度应略高于规定温度。

3.设定时间

通过按时间设定键来查看或设定时间。

4.备好溶液

将吊篮通过上端的不锈钢轴悬挂于支架上,浸入 1000ml 烧杯中,并调节吊篮位置使其下降至低点时筛网距烧杯底部 25mm。按升降键启动吊篮升降,使它停在最高位置,以便装取烧杯和吊篮。在烧杯内注入所需的试验溶液(850ml),使吊篮上升至高点时筛网在水面下 15mm 处,吊篮顶部不可浸没于溶液中。

5.崩解试验

待水浴温度稳定在恒温设定值,杯内溶液温度稳定于规定值 37℃±1℃ 时,即可进行崩解试验。将待测固体制剂放入吊篮的 6 个试管中,按升降键启动吊篮升降并计时。试验定时终止前一分钟蜂鸣器自动报时,此时应观察各吊篮玻璃管中制剂的崩解情况。关闭电源,取出烧杯与吊篮,清洗干净。

(二)崩解时限的测定

取对乙酰氨基酚胶囊 6 粒,分置吊篮的 6 支玻璃管中(如漂浮于液面,可加挡板),启动崩解仪检查,观察胶囊崩解并通过筛网的时间。各粒均应在 30min 内全部崩解。如有 1 粒不能完全崩解,应另取 6 粒复试,均应符合规定。

五、注意事项

1.烧杯内溶液温度通常低于杯外水浴温度 0.5~1.5℃,应通过试验确定具体的恒温设定值。

2.水浴箱内应加入蒸馏水,不宜用自来水,以免长期使用腐蚀温控零件。

3.切勿在缺水的情况下启动循环水泵和加热组件。

4.有些试验需使用挡板,应在挡板装入后赶除挡板下面的气泡,以免挡板浮出液面。

六、结果与讨论

1.数据记录

将胶囊剂崩解时限检查结果填于表 5-25 中。

表 5-25　胶囊剂崩解时限检查结果

胶囊剂	结果

2.实验结论

根据测定结果,判定所测胶囊剂崩解时限是否合格。

3.结果讨论

分析实验过程中存在的问题,提出解决方案,总结实验要点。

七、思考题

1.测定固体制剂崩解时限有何意义?

2.查阅《中国药典》,说明哪些情况下进行崩解时限检查需要加入挡板。

实验七　片剂的制备

一、实验目的

1.熟悉片剂制备的基本工艺过程,掌握湿法制粒压片的一般工艺;

2.掌握片剂的质量检查方法;

3.熟悉单冲压片机的基本构造及其使用方法。

二、实验原理

片剂系指将药物与适宜的辅料通过制剂技术制成的圆片状或异形片状的固体制剂。它是临床应用最广泛的剂型之一,具有剂量准确、质量稳定、服用方便、成本低等优点。

辅料分成四大类,即稀释剂(填充剂)、润湿剂与黏合剂、崩解剂、润滑剂。应根据主药的性质和用药目的来选择合适的辅料。通过片剂的制备,对处方中的辅料所起的作用有比较直观的认识。

片剂的制法分为直接压片、干法制粒压片和湿法制粒压片。除对湿、热不稳定的药物外,多数药物可用湿法制粒压片。其制备过程包括:主药+辅料→混合→制软材→制粒→干燥→整粒→压片。要求如下:

(1)原料药与辅料应混合均匀。含量小或含有剧毒药物的片剂,可根据药物的性质用适宜的方法使药物均匀。

(2)凡具有挥发性或遇热分解的药物,在制片过程中应避免受热损失。

(3)颗粒大小根据片剂大小由筛网孔径来控制,一般大片(0.3～0.5g)选用14～16目,小片(0.3g以下)选用18～20目筛制粒。颗粒一般宜细而圆整。

(4)注意干燥温度和时间,保证颗粒有适宜的干湿度,温度一般控制在40～60℃。注意颗粒不要铺得太厚,以免干燥时间过长,药物被破坏。

(5)整粒用筛的孔径与制粒时相同或略小。整粒后加入润滑剂混合均匀,压片。

片剂质量检查:制成的片剂要按照《中国药典》规定的片剂质量标准进行检查。片剂的外观应完整光洁,色泽均匀且有适宜的硬度,以免在包装贮运过程中发生碎片。还必须检查片剂的重量差异和崩解时限。有的片剂,药典中还规定检查含量均匀度和溶出度,并明确规定凡检查含量均匀度的片剂,不再检查重量差异,凡检查溶出度的片剂,不再检查崩解时限。

三、实验试剂与仪器

1.实验试剂

对乙酰氨基酚,淀粉,羧甲基淀粉钠,微晶纤维素,吐温 80,硬脂酸镁等。

2.实验仪器

药筛(10 目、80 目),尼龙筛(16 目),烧杯,量筒,研钵,搪瓷盘,电子天平,电炉,烘箱,单冲压片机,硬度测定仪,脆碎度测试仪等。

四、实验内容与步骤

(一)对乙酰氨基酚片剂的制备

1.处方(表 5-26)

表 5-26　对乙酰氨基酚片的处方

成分	用量
对乙酰氨基酚	25g
淀粉	10g
微晶纤维素	10g
吐温 80	0.5g
10%淀粉浆	适量
羧甲基淀粉钠	1g
硬脂酸镁	0.2g
	共制 100 片

2.制法

(1)将对乙酰氨基酚粉碎,过 80 目筛,备用。

(2)取处方量对乙酰氨基酚、淀粉、微晶纤维素及吐温 80 混合均匀,加入淀粉浆适量(记录用量),加入时分散面要大,混合均匀,制成软材。

(3)过 16 目筛制成湿颗粒,于 60℃下干燥(颗粒含水量对片剂成型及质量均有很大影响,通常所含水分应在 3.0%以下)。

(4)过16目筛整粒,将干颗粒与适量羧甲基淀粉钠、硬脂酸镁混匀,以 Φ8mm 冲模压片。

3.用途

乙酰苯胺类解热镇痛药,用于普通感冒或流行性感冒引起的发热,也用于缓解轻至中度疼痛,如关节痛、偏头痛、牙痛等。

(二)片剂质量检查

1.外观性状

片剂表面应色泽均匀、光洁,无杂斑,无异物,并在规定的有效期内保持不变。

2.重量差异

片重差异大则表示片内主药含量的差异也大,因此必须把片重差异控制在最小限度内。

检查法:取药片 20 片,精密称定总重量,求得平均片重后,再分别精密称定各片的重量,按式(5-4)计算重量差异限度。

$$\text{重量差异限度}/\% = \frac{\text{每片重}-\text{平均片重}}{\text{平均片重}}\times100 \tag{5-4}$$

结果判定:按表 5-27 的规定,超出重量差异限度的药片不得多于 2 片,并不得有 1 片超出限度一倍。

表 5-27　片剂重量差异限度

平均片重或标示片重	重量差异限度
0.30g 以下	±7.5%
0.30g 及 0.30g 以上	±5%

3.硬度

片剂的硬度与其贮运后外形的完整性有关,生产厂家一般均将硬度作为片剂的内控指标之一。

检查法:试制所得片剂先通过指压法,再采用硬度计检查。

(1)指压法:取一药片置中指与食指间,用拇指以适当压力挤压药片,不应立即分裂为两半以上,否则表示此片剂硬度不足。检查结果与药片大小、厚度、放置位置及施压大小等因素有关,只能作为片剂质量参考。

(2)采用硬度计检查:测定 3~6 片药片,取平均值,通常在 40~60N 的压力范围认为合格。

4.脆碎度检查

照片剂脆碎度检查法(《中国药典》通则 0923)检查,按式(5-5)计算脆碎度。

$$\text{脆碎度} = \frac{\text{细粉和碎粒的重量}}{\text{原药片总重}}\times100\%$$

$$= \frac{原药片总重-测试后药片重}{原药片总重} \times 100\% \qquad (5\text{-}5)$$

结果判定:测试后药片减失重量不得过 1%,且不得检出断裂、龟裂及粉碎的片。如减失重量超过 1%,应复测 2 次,3 次的平均减失重量不得过 1%,并不得检出断裂、龟裂及粉碎的片。

5. 溶出度

取本品,照溶出度与释放度测定法(《中国药典》通则 0931),以稀盐酸 24ml 加水至 1000ml 为溶出介质,转速为每分钟 100 转,依法操作,经 30min,取溶液滤过,精密量取续滤液适量,用 0.04% 氢氧化钠溶液稀释成每 1ml 中含对乙酰氨基酚 5~10μg 的溶液,照紫外–可见分光光度法(《中国药典》通则 0401),在 257nm 波长处测定吸光度,按 $C_8H_9NO_2$ 的吸收系数($E_{1cm}^{1\%}$)为 715 计算每片的溶出量。限度为标示量的 80%,应符合规定。

五、注意事项

1. 制备软材时需要特别注意,每次加入少量,混合均匀。

2. 少量的吐温 80 可明显改善对乙酰氨基酚的疏水性,但加入量过大会影响片剂的硬度和外观。

3. 淀粉浆的配制可用直火加热(需不停搅拌,防止焦化),也可以水浴加热。浆的糊化程度以呈乳白色为宜,制粒干燥后颗粒不易松散。加浆的温度以温浆为宜,温度太高不利于药物稳定,温度太低又不易分散均匀。

4. 压片过程中应及时检查片质量,以便及时调整。

六、结果与讨论

1. 数据记录与处理

将片剂质量检查结果填入表 5-28、表 5-29 中。

表 5-28　片剂的称重结果

	1	2	3	4	5	6	7	8	9	10
片重/g										
重量差异/%										
	11	12	13	14	15	16	17	18	19	20
片重/g										
重量差异/%										

表 5-29　片剂质量检查结果

检查项目	对乙酰氨基酚片
外观	
重量差异	总重： 平均片重： 重量差异限度： 超出重量差异限度片数： 最大超限者为差限的倍数： 结论：
硬度	
脆碎度	

2. 实验结论

判定各项质量检查结果,得出制备的片剂是否合格。

3. 结果讨论

分析实验过程中存在的问题,提出解决方案,总结实验要点。

七、思考题

1. 试分析以上处方中各辅料成分的作用,并说明如何正确使用。

2. 湿法制粒压片过程中应注意哪些问题?

3. 片剂的质量检查有哪些内容?

4. 单冲压片机的主要部件有哪些? 在压片时如果出现片重差异超限或松片现象应如何调节机器?

附:

单冲压片机的装卸和使用

一、实验目的

1. 了解压片机的基本结构;

2. 初步学会压片机的装卸和使用。

二、实验内容

1.单冲压片机主要部件

(1)冲模,包括上、下冲头及模圈。上、下冲头一般为圆形,有凹冲与平面冲,还有三角形、椭圆形等异型冲头。

(2)加料斗,用于贮存颗粒,以不断补充颗粒,便于连续压片。

(3)饲料靴,用于将颗料填满模孔,将下冲头顶出的片剂拨入收集器中。

(4)出片调节器(上调节器),用于调节下冲头上升的高度。

(5)片重调节器(下调节器),用于调节下冲头下降的深度,调节片重。

(6)压力调节器,可使上冲头上下移动,用以调节压力的大小,调节片剂的硬度。

(7)冲模台板,用于固定模圈。

2.单冲压片机的装卸

(1)首先装好下冲头,旋紧固定螺丝,旋转片重调节器,使下冲头在较低的部位。

(2)将模圈装入冲模平台,旋紧固定螺丝,然后小心地将模板装在机座上,注意不要损坏下冲头。调节出片调节器,使下冲头上升到恰与模圈齐平。

(3)装上冲头并旋紧固定螺丝,转动压力调节器,使上冲头处在压力较低的部位,用手缓慢地转动压片机的转轮,使上冲头逐渐下降,观察其是否在冲模的中心位置,如果不在中心位置,应上升上冲头,稍微转动平台固定螺丝,移动平台位置直至上冲头恰好在冲模的中心位置,旋紧平台固定螺丝。

(4)装好饲料靴、加料斗,用手转动压片机转轮,如上、下冲头移动自如,则安装正确。

(5)压片机的拆卸与安装顺序相反,拆卸顺序如下:

加料斗→饲料器→上冲头→冲模平台→下冲头

3.单冲压片机的使用

(1)单冲压片机安装完毕,加入颗粒,用手摇动转轮,试压数片,称其片重,调节片重,调节片重调节器,使压出的片重与设计片重相等,同时调节压力调节器,使压出的片剂有一定的硬度。调节适当后,再开动电动机进行试压,检查片重、硬度、崩解时限等,达到要求后方可正式压片。

(2)压片过程中应经常检查片重、硬度等,发现异常,应立即停机进行调整。

三、注意事项

1.装好各部件后,在摇动飞轮时,上、下冲头应无阻碍地进出冲模,且无特殊噪声。

2.调节出片调节器时,使下冲头上升到最高位置与冲模齐平,用手指抚摸时应略有凹陷的感觉。

3.在装平台时,固定螺丝不要旋紧,待上下冲头装好后,并在同一垂直线上,而且在模孔中能自由升降时,再旋紧平台固定螺丝。

4.装上冲头时,在冲模上要放一块硬纸板,以防止上冲头突然落下时碰坏上冲头和冲模。

5.装上、下冲头时,一定要把上、下冲头插到冲芯底,并用螺丝和锥形母螺丝旋紧,以免开动机器时上、下冲杆不能上升、下降而造成叠片、松片并碰坏冲头等现象。

实验八 片剂溶出度的测定

一、实验目的

1.了解片剂等固体制剂测定溶出度的意义;
2.掌握测定片剂溶出度的基本操作;
3.掌握溶出仪的使用方法。

二、实验原理

片剂等固体制剂服用后,在胃肠道中要先经过崩解和溶出两个过程,然后才能透过生物膜被吸收。对于许多药物来说,其吸收量通常与该药物从剂型中溶出的量成正比。对难溶性药物而言,溶出是其主要过程,故崩解时限往往不能作为判断难溶性药物制剂吸收程度的指标。溶出速度除与药物的晶型、颗粒大小有关外,还与制剂的生产工艺、辅料、贮存条件等有关。为了有效地控制固体制剂质量,除采用血药浓度法或尿药浓度法等体内测定法推测吸收速度外,体外溶出度测定法不失为一种较简便的质量控制方法。

溶出度系指药物从片剂或胶囊剂等固体制剂在规定溶剂中溶出的速度和程度,在缓释制剂、控释制剂、肠溶制剂及透皮贴剂等制剂中也称释放度。但在实际应用中溶出度仅指一定时间内药物溶出的程度,一般用标示量的百分率表示,如《中国药典》规定 30min 内对乙酰氨基酚的溶出限度为标示量的 80%。溶出速度则指按各个时间点测得的溶出量的数据进行计算而得的各个时间点与单位时间的溶出量,它们之间存在一定的规律,有符合零级、一级或 Hiquchi 方程等不同的溶出规律。

对于口服固体制剂,特别是对那些体内吸收不良的难溶性固体制剂,以及治疗剂量与中毒剂量接近的药物的固体制剂,均应做溶出度检查并作为质量标准。《中国药典》和许多其他国家药典对口服固体制剂的溶出度及其测定法都有明确规定。《中国药典》规定溶出度与释放度测定法共有七种,即篮法、桨法、小杯法、桨碟法、转筒法、流池法和往复筒法。本实验采用篮法测定对乙酰氨基酚片的溶出度。

三、实验试剂与仪器

1.实验试剂

对乙酰氨基酚片,0.04％氢氧化钠溶液,稀盐酸,蒸馏水。

2.实验仪器

溶出度测定仪,量瓶(50ml、1000ml),烧杯(25ml),量筒(25ml),移液管(1ml),微孔滤膜(Φ25mm×0.8μm),超声波清洗机,分光光度计等。

四、实验内容与步骤

(一)篮法仪器装置

1.转篮分篮体与篮轴两部分,均为不锈钢或其他惰性材料制成。转篮内径为20.2mm±1.0mm,转动时幅度不得超过±1.0mm。

2.溶出杯为硬质玻璃或其他惰性材料制成的底部为半球形的1000ml杯状容器,置恒温水浴或其他适当的加热装置中。

3.电动机与篮轴相连,转速可任意调节在每分钟50～200转,稳速误差不超过±4％。

4.仪器一般配有6套以上测定装置。

(二)测定前准备

1.测定前,对仪器装置进行调试,使转篮距溶出杯的内底部25mm±2mm。

2.调节水浴的温度,使溶出杯内介质的温度保持在37℃±0.5℃方可投入供试品。

3.至规定的取样时间,取样位置应在转篮顶端至液面的中点,距溶出杯内壁10mm处。

(三)对乙酰氨基酚片溶出度的测定

1.以稀盐酸24ml加水至1000ml作为溶出介质,配制6份,脱气处理,分别注入每个溶出杯内。

2.加热水浴使溶出介质温度恒定在37℃±0.5℃,设定转篮转速为每分钟100转。

3.取对乙酰氨基酚片6片,分别投入6个干燥的转篮内,将转篮降入溶出杯中,立即按规定的转速启动仪器,计时。

4.经30min,在规定取样点各吸取溶出液5ml,立即经0.8μm的微孔滤膜过滤。

5.分别精密量取续滤液1ml,加0.04％氢氧化钠溶液稀释至50ml(要求每1ml溶液含对乙酰氨基酚5～10μg),摇匀。

6.以0.04％氢氧化钠溶液为参比,照紫外-可见分光光度法,在257nm波长处测定吸光度(A),$C_8H_9NO_2$的吸收系数($E_{1cm}^{1\%}$)为715,按式(5-6)、式(5-7)计算每片的溶出量。溶出限度为标示量的80％,应符合规定。

$$溶出质量/g=\frac{A\times500}{E_{1cm}^{1\%}} \qquad (5\text{-}6)$$

$$溶出量/\%=\frac{溶出质量}{标示量}\times100 \qquad (5\text{-}7)$$

实验结果判断：根据《中国药典》规定，对乙酰氨基酚片经 30min，其溶出规定限度（Q）为标示量的 80%。如 6 片中每片溶出量均不低于规定限度（Q）为合格。如 6 片中有 1～2 片低于 Q，但不低于 Q-10%，且其平均溶出量不低于 Q，仍可判为合格。如 6 片中有 1～2 片低于 Q，其中仅有 1 片低于 Q-10%，但不低于 Q-20%，且其平均溶出量不低于 Q 时，应另取 6 片复试；初、复试的 12 片中仅有 1～3 片低于 Q，其中仅有 1 片低于 Q-10%，但不低于 Q-20%，且其平均溶出量不低于 Q，亦可判为符合规定。以上结果判断中所示的 10%、20% 是指相对于标示量的百分率（%）。

五、注意事项

1. 溶出仪水浴箱中应加入蒸馏水，经常注意使其水位保持在略高于溶出杯内溶剂液面的高度。勿在缺水情况下接通电源。

2. 接通电源，开启加热键后水浴箱中的水应不断循环流动，否则应立即关闭加热键并断开电源开关。

3. 溶出液用不大于 0.8μm 的微孔滤膜滤过，自取样至滤过应在 30s 内完成。

4. 如出现篮轴圆盘及转篮脏污或堵塞现象，应该及时清洁。使用完毕，应将溶出仪和各种附件洗净，擦干，以保持仪器清洁。

六、结果与讨论

1. 数据记录与处理

W（对乙酰氨基酚片标示量）=_____ g

将 6 片对乙酰氨基酚片溶出度测定结果填入表 5-30 中。

表 5-30 对乙酰氨基酚片溶出度测定结果

编号	1	3	3	4	5	6
A_i						
溶出度/%						
平均溶出度/%						

2. 实验结论

根据测定结果，判定所测片剂溶出度是否合格。

3. 结果讨论

分析实验过程中存在的问题，提出解决方案，总结实验要点。

1.检查固体制剂的溶出度有何意义？
2.溶出度的测定主要针对哪些药物和制剂？
3.测定用的溶剂为什么需要脱气？在测定中转篮底部、顶部为什么不得附有气泡？
4.测定溶出度时必须严格控制哪些实验条件？

实验九　软膏剂的制备与软膏释放度的测定

一、实验目的

1.掌握不同类型软膏剂的制备方法；
2.掌握软膏中药物释放的测定方法，比较不同基质对药物释放的影响。

二、实验原理

软膏剂系指药物与油脂性或水溶性基质混合制成的具有适当稠度的均匀半固体外用制剂。药物溶解或分散于乳剂型基质（O/W 型和 W/O 型）中形成的均匀的半固体外用制剂称为乳膏剂。广义的软膏剂概念包含乳膏剂。软膏剂可在应用部位发挥疗效或起保护和滑润皮肤的作用，药物也可吸收进入体循环产生全身治疗作用。

基质为软膏剂的赋形剂，它使软膏剂具有一定的剂型特性且影响软膏剂的质量及药物疗效的发挥，基质本身又有保护与润滑皮肤的作用。本实验以油脂性基质、O/W 型和W/O 型乳剂型基质以及水溶性基质制成不同基质的水杨酸软膏，采用琼脂扩散法测定不同基质对药物释放的影响。软膏剂可根据药物与基质的性质用研磨法和熔融法制备，乳膏剂的制备采用乳化法。固体药物可用基质中的适当组分溶解，或先粉碎成细粉（过六号筛）与少量基质或液体组分研成糊状，再与其他基质研匀。所制得的软膏剂应均匀、细腻，具有适当的黏稠性，易涂于皮肤或黏膜上且无刺激性，在存放过程中应无酸败、异臭、变色、变硬、油水分离等变质现象。

就治疗而言，首要条件是混合在软膏基质中的药物须以适当速度和足够的量释放到达皮肤表面。因此，药物自软膏基质中的释放是影响软膏剂作用的重要因素，可以通过研究药物从基质中的释放来评价软膏基质的优劣。药物从基质中的释放有多种体外测定方法，琼脂扩散法是一种比较简单易行的方法。它是采用琼脂凝胶（或明胶）为扩散介质，将软膏剂涂在含有指示剂的琼脂表面，放置一定时间后，测定药物与指示剂产生的色层高度

第五章　药物制剂实验

来比较药物自基质中释放的速度。扩散距离(呈色区高度)与时间的关系可用 Lockie 等的经验式表示：

$$Y^2 = KX \tag{5-8}$$

式中：Y 为扩散距离，mm；X 为扩散时间，h；K 为扩散系数，mm^2/h。

以不同时间呈色区的高度平方 Y^2 对扩散时间 X 作图，应得一条通过原点的直线，此直线的斜率即为 K，K 值反映了软膏剂释药能力的大小。

尽管体外释药试验是模拟人体条件进行的，但体外试验条件与实际应用情况(如琼脂与完整皮肤相比)有很大不同，因此体外测得数据有一定局限性，多数是比较性的，可以作为选择软膏剂基质的实验手段之一。

三、实验试剂与仪器

1.实验试剂

水杨酸，液体石蜡，白凡士林，十八醇，单硬脂酸甘油酯，十二烷基硫酸钠，甘油，尼泊金乙酯，司盘 60，吐温 80，山梨酸，羧甲纤维素钠，苯甲酸钠，氯化钠，氯化钙，氯化钾，琼脂，三氯化铁，蒸馏水。

2.实验仪器

天平，恒温水浴锅，烧杯，烧杯夹，蒸发皿，研钵(或软膏板、软膏刀)，玻璃棒，试管，纱布，玻璃漏斗。

四、实验内容与步骤

(一)水杨酸软膏(油脂性基质)的制备

1.处方(表 5-31)

表 5-31　油脂性基质水杨酸软膏的处方

成分	用量
水杨酸	1g
液体石蜡	适量
白凡士林	加至 20g

2.制备

取水杨酸置于研钵中，加入适量液体石蜡研成糊状，分次加入白凡士林混合研匀即得。

(二)水杨酸乳膏(O/W 乳剂型基质)的制备

1.处方(表 5-32)

表 5-32　O/W 型水杨酸乳膏的处方

成分	用量	成分	用量
水杨酸	1.0g	十二烷基硫酸钠	0.2g
白凡士林	2.4g	甘油	1.4g
十八醇	1.6g	尼泊金乙酯	0.04g
单硬脂酸甘油酯	0.4g	蒸馏水	加至 20g

2.制备

取白凡士林、十八醇和单硬脂酸甘油酯置于蒸发皿中,水浴加热至 70~80℃使其熔化,将十二烷基硫酸钠、甘油、尼泊金乙酯和计算量的蒸馏水置另一蒸发皿加热至 70~80℃使其溶解。在同温下将水相以细流加到油相中,边加边搅拌至完全乳化,从水浴中取出蒸发皿,室温下继续搅拌至冷凝,得 O/W 乳剂型基质。将基质与水杨酸细粉混匀,制得水杨酸乳膏约 20g。

(三)水杨酸乳膏(W/O 乳剂型基质)的制备

1.处方(表 5-33)

表 5-33　W/O 型水杨酸乳膏的处方

成分	用量	成分	用量
水杨酸	1g	吐温 80	0.1g
单硬脂酸甘油酯	2g	山梨酸	0.04g
液体石蜡	10g	司盘 60	0.3g
		蒸馏水	加至 20g

2.制备

取单硬脂酸甘油酯、液体石蜡、司盘 60 置于蒸发皿中,水浴上加热熔化并保持 70~80℃,吐温 80、蒸馏水和尼泊金乙酯置于另一蒸发皿中,加热至 70~80℃,使其溶解。在同温度下将水相缓慢加到油相中,边加边搅拌至完全乳化,从水浴中取出蒸发皿,继续搅拌至冷凝,得 W/O 乳剂型基质。将基质与水杨酸细粉混匀,制得水杨酸乳膏约 20g。

第五章　药物制剂实验

(四)水杨酸软膏(水溶性基质)的制备

1.处方(表5-34)

表5-34　水溶性基质水杨酸软膏的处方

成分	用量
水杨酸	1.0g
羧甲纤维素钠	1.2g
甘油	2.0g
苯甲酸钠	0.1g
蒸馏水	加至20g

2.制备

取羧甲纤维素钠置于研钵中,加入甘油研匀,然后边研边加入溶有苯甲酸钠的水溶液,待溶胀后研匀,即得水溶性基质。将基质与水杨酸细粉混匀,制得水杨酸软膏约20g。

(五)水杨酸软膏剂的体外释药试验

1.林格溶液的配制

林格溶液的处方见表5-35。

表5-35　林格溶液的处方

成分	用量
氯化钾	0.85g
氯化钠	0.03g
氯化钙	0.048g
蒸馏水	加至100ml

2.含指示剂的琼脂凝胶的制备

取2g琼脂加入上述100ml林格溶液中,水浴加热溶解,趁热用纱布过滤除去悬浮杂质,冷至约60℃,加入三氯化铁3ml(配制法查阅《中国药典》),混匀,立即沿壁倒入内径一样的8支小试管中(试管长约10cm),不得产生气泡,每管上端留10mm空隙供填装软膏,直立静置,室温冷却成凝胶。

3.软膏释药试验

在装有琼脂的试管上端空隙处,分别将制成的不同基质的水杨酸软膏填装入内,每种软膏各装两管,装软膏时应铺至与琼脂表面密切接触,并且应装至与管口齐平。装填完后应直立并于1h、3h、6h、9h和24h观察和测定呈色区的高度。

五、注意事项

1. 油脂性基质处方中的凡士林基质可根据气温以液体石蜡调节稠度。

2. 水杨酸需先粉碎成细粉（按《中国药典》标准），配制过程中应避免接触金属器皿。

3. 配制琼脂溶液需要充分加热使琼脂溶解；琼脂形成凝胶时，应使试管竖直，否则液面为斜面，影响测定结果。

4. 加入软膏时应小心，不能破坏表面的平整，另外也要尽量使软膏与凝胶面接触，不能留间隙，否则会影响药物扩散速率。

六、结果与讨论

1. 记录水杨酸软膏剂释放实验中测得的呈色区高度，填于表 5-36 中。

表 5-36　水杨酸软膏剂释放实验结果

		扩散高度/cm			
		油脂性基质	O/W 乳剂型基质	W/O 乳剂型基质	水溶性基质
扩散时间/h	1				
	3				
	6				
	9				
	24				
扩散系数 K/(mm²/h)					

根据实验所得数据，用呈色区高度（即扩散距离 Y）的平方为纵坐标，时间为横坐标作图或采用计算机线性回归，拟合一直线。求此直线的斜率即为扩散系数 K 填入上表，K 值越大释药越快。从测得的不同软膏扩散系数 K，比较各软膏基质的释药能力。

2. 将制备得到的四种水杨酸软膏涂布在自己的皮肤上，评价是否均匀细腻，记录皮肤的感觉，比较四种软膏的黏稠性与涂布性。讨论四种软膏中各组成的作用。

七、思考题

1. 本实验中四种水杨酸软膏的制备方法是什么？

2. 软膏剂制备过程中药物的加入方法有哪些？

3. 制备乳剂型软膏基质时应注意什么？为什么要加温至 $70\sim80℃$？

4. 影响药物从软膏基质中释放的因素有哪些？

实验十　栓剂置换价的测定及制备

一、实验目的

1.掌握热熔法制备栓剂的工艺；

2.掌握置换价的测定方法和应用；

3.熟悉处方中所用两种类型的基质在栓剂制备中的特点；

4.了解栓剂的质量评价方法。

二、实验原理

栓剂系指药物与适宜基质制成的供腔道给药的固体制剂。它在常温下是固体，塞入人体腔道后在体温下迅速软化，熔融或溶解于分泌液，逐渐释放药物产生局部或全身作用。根据施用腔道和施用目的不同，可制成各种适宜的形状。

栓剂中的药物可溶解也可混悬于基质中。制备混悬型栓剂，固体药物粒度应能全部通过六号筛。栓剂的基质有油脂性基质和水溶性基质两种。油脂性基质主要有可可豆脂、半合成脂肪酸甘油酯；水溶性基质主要有甘油明胶、聚乙二醇、泊洛沙姆、聚氧乙烯（40）单硬脂酸酯。根据不同目的栓剂中常需加入吸收促进剂、增塑剂、抗氧剂、防腐剂等。

栓剂的制法有热熔法和冷压法，工业中常用热熔法，其制备工艺流程如图 5-7 所示。

药物

基质 —→ 熔化 —→ 混匀 —→ 注模 —→ 冷却 —削去溢出部分→ 脱模 —→ 质检 —→ 包装

图 5-7　制备工艺流程

为使栓剂冷却成型后易从栓模中推出，栓模孔中应涂润滑剂。水溶性基质或亲水性基质涂油性润滑剂，如液体石蜡、植物油；油脂性基质常用水溶性润滑剂，如软肥皂：甘油：95％乙醇（1：1：5）混合液。有的基质不粘模，如可可豆脂、聚乙二醇类，可不涂润滑剂。

栓剂制备中基质用量的确定：栓模的容量通常是固定的，因基质或药物的密度不同可容纳不同的重量。为了确定基质用量以保证栓剂剂量的准确，需测定药物的置换价（DV）。置换价为药物的重量与同体积基质重量的比值，可用式(5-9)计算。

$$DV = \frac{W}{G - (M - W)} \tag{5-9}$$

式中：DV 为置换价；W 为每粒栓剂的平均含药重量；G 为纯基质栓的平均栓重；M 为含药栓的平均栓重。

根据置换价,按式(5-10)计算出制备含药栓需要的基质量(x)。

$$x = \left(G - \frac{y}{DV}\right) \cdot n \qquad (5\text{-}10)$$

式中:y 为处方中药物的剂量;n 为拟制备栓剂的粒数。

栓剂中的药物与基质应混合均匀,外形要完整光滑,塞入腔道后应无刺激性,能融化、软化或溶化,并与分泌液混合,逐渐释放出药物,发挥局部或全身作用;有适宜的硬度,以免在包装或贮存时变形。制成的栓剂要按照《中国药典》规定的栓剂质量标准进行检查,评价内容包括主药含量、外形、重量差异、融变时限、体外释放度等。其中缓释栓剂应进行释放度检查,不再进行融变时限检查。

三、实验试剂与仪器

1.实验试剂

对乙酰氨基酚,聚氧乙烯(40)单硬脂酸酯(以下简称 S-40),阿司匹林,混合脂肪酸甘油酯(36 型,熔点为 35～37℃),润滑剂(液体石蜡、硬脂酸钾等)。

2.实验仪器

电子天平,研钵,药筛(100 目),蒸发皿,烧杯,玻璃棒,恒温水浴锅,栓剂模具,小刀(刀片),融变时限仪。

四、实验内容与步骤

(一)置换价的测定

以对乙酰氨基酚为模型药物,用 S-40 为基质,进行置换价测定。

1.纯基质栓的制备

称取 S-40 10g,置于蒸发皿中,于水浴上加热熔化。待基质呈稍黏稠状态时,注入涂有润滑剂的栓剂模具中。冷却凝固后,削去溢出部分,脱模,得到完整的纯基质栓数粒,称重,计算每粒栓剂的平均重量 G(g)。

2.含药栓的制备

称取研细的对乙酰氨基酚粉末(过 100 目筛)3g,备用。另称取 S-40 7g 置蒸发皿中,于水浴上加热,待基质熔化后,加入对乙酰氨基酚细粉,不断搅拌使药物分散均匀,停止加热。缓慢倾入涂有润滑剂的栓模中,冷却固化后削去溢出部分,脱模,制得含药栓数粒,称重,计算每粒含药栓平均重量 M(g),含药量 $W = M \cdot \omega$,其中,ω 为含药质量分数。

3.置换价的计算

将上述得到的 G、M、W 代入式(5-9)中,求得对乙酰氨基酚对 S-40 的置换价。

（二）对乙酰氨基酚栓剂

1.处方（表 5-37）

表 5-37　对乙酰氨基酚栓剂处方

成分	用量
对乙酰氨基酚	6g
S-40	适量
制成直肠栓	10 粒

2.制法

根据上述实验测定的对乙酰氨基酚对 S-40 的置换价,再按式(5-10)计算栓剂基质的用量(以制备 20 粒对乙酰氨基酚栓计,每粒栓剂中对乙酰氨基酚的剂量为 0.3g)。

称取处方量的对乙酰氨基酚细粉(过 100 目筛),备用。另称取计算量的 S-40 置于蒸发皿中,水浴加热,以下按上述含药栓项目操作,得到栓剂数粒。

3.用途

本品用于儿童普通感冒或流行性感冒引起的发热,也用于缓解轻至中度疼痛,如头痛、关节痛、偏头痛、牙痛、肌肉痛、神经痛等。

（三）阿司匹林栓剂

1.处方（表 5-38）

表 5-38　阿司匹林栓剂处方

成分	用量
阿司匹林	6g
混合脂肪酸甘油酯	适量
制成直肠栓	10 粒

2.制法

称取混合脂肪酸甘油酯置蒸发皿中,于水浴上加热,搅拌至全熔;另称取研细的阿司匹林粉末(过 100 目筛)6g,加入熔化的基质中,混匀后停止加热。待稠度稍大时倾入涂有润滑剂的栓模中,待冷却固化后,削去溢出部分,脱模,得阿司匹林栓数粒。

3.用途

本品可缓解轻度或中度疼痛,如头痛、牙痛、神经痛、肌肉痛及月经痛,也用于感冒和流感等退热。

（四）质量检查

1.外观

观察栓剂的外观是否完整,表面亮度是否一致,有无斑点和气泡。将栓剂纵向剖开,观察药物分散是否均匀。

2.重量差异

取栓剂 10 粒,精密称定总重量,求得平均粒重后,再分别精密称定各粒的重量,每粒与平均粒重相比较,超出重量差异限度的栓剂不得多于 1 粒,并不得超出限度 1 倍。栓剂重量差异限度见表 5-39。

表 5-39　栓剂重量差异限度

平均重量	重量差异限度
1.0g 以下至 1.0g	±10%
1.0g 以上至 3.0g	±7.5%
3.0g 以上	±5%

3.融变时限

按照《中国药典》通则 0922 融变时限检查法进行。

(1)检查法:取供试品 3 粒,在室温放置 1h 后,分别放在 3 个金属架的下层圆板上,装入各自的套筒内,并用挂钩固定,除另有规定外,将上述装置分别垂直浸入盛有不少于 4L (37±0.5)℃水的容器中,其上端位置应在水面下 90mm 处。容器中装一转动器,每隔 10min 在溶液中翻转该装置一次。

(2)结果判定:除另有规定外,脂肪性基质的栓剂 3 粒均应在 30min 内全部融化、软化或触压时无硬心;水溶性基质的栓剂 3 粒均应在 60min 内全部溶解。如有 1 粒不符合规定,应另取 3 粒复试,均应符合规定。

五、注意事项

1.应在适宜温度下(混合物黏稠度稍大时)进行灌模,灌时务必一次完成,灌至稍微溢出模口即可。

2.灌模后应置于适宜的温度下冷却一定时间,若冷却的温度不足或时间短,常发生粘模;相反,若冷却温度过低或时间过长,则又会产生栓剂破碎的现象。

3.为了保证所测得置换价的准确性,制备纯基质栓和含药栓时应采用同一模具。

4.药物与基质的混合物注入栓模后,需放置凝固后方可移动。

六、结果与讨论

1.栓剂的置换价

将对乙酰氨基酚对 S-40 的置换价的计算结果填入表 5-40 中。

表 5-40　栓剂的置换价

基质栓平均重量 G/g	含药栓平均重量 M/g	含药栓含药量 W/g	置换价

2.栓剂的质量检查结果(表 5-41、表 5-42)

表 5-41　栓剂的重量

序号	1	2	3	4	5	6	7	8	9	10
阿司匹林栓/g										
对乙酰氨基酚栓/g										

表 5-42　栓剂的质量检查结果

名称	外观完整性	内部均匀性	重量差异	融变时限/min
阿司匹林栓				
对乙酰氨基酚栓				

3.实验结论

判定各项质量检查结果,得出制备的栓剂是否合格。

4.结果讨论

(1)什么情况下制备栓剂需测定药物对基质的置换价?

(2)对实验过程中出现的问题进行原因分析,并提出合理的处理措施。

七、思考题

1.欲将药物制成全身作用的栓剂,在处方设计时应考虑哪几个方面?

2.栓剂的基质有哪几类,适用性如何? 本实验处方中基质分别属于哪类?

3.应如何选择热熔法制备栓剂时所使用的润滑剂?

4.栓剂测定融变时限的目的是什么?

实验十一　白蛋白紫杉醇纳米制剂的制备

一、实验目的

1.掌握白蛋白紫杉醇的制备方法;

2.掌握纳米制剂质量评价的方法；

3.熟悉高压均质机的操作方法。

二、实验原理

紫杉醇是一种广谱抗癌药,具有一定的微管毒性,在纺锤体装配期发生作用,可以抑制有丝分裂的进行,对多种恶性肿瘤(如乳腺癌、卵巢癌、非小细胞肺癌、头颈部肿瘤等)都显示出较肯定的临床疗效。然而,其在水中的溶解度很小,给静脉用药带来很大的困难,为解决这一难题,不得不在注射剂中加入大量的表面活性剂聚氧乙烯蓖麻油(CrEL)。CrEL易引起严重的副反应,如严重过敏反应、神经毒性、血液学毒性等,从而造成紫杉醇的使用剂量受到限制。此外,CrEL在血循环中形成大量微滴并将紫杉醇包裹,影响紫杉醇离开血循环进入组织。这些缺陷严重限制了紫杉醇的临床应用,因此开发新型紫杉醇制剂一直是研究的热点。

白蛋白纳米粒是以白蛋白为基质的纳米颗粒,包封或吸附药物后,经固化分离而形成实心球体。白蛋白纳米粒具有可控性良好的载药性能和释药性能、良好的生物相容性、生物降解性及肿瘤被动靶向等优点。血清白蛋白作为药物载体已受到研究人员的广泛关注,常用牛血清白蛋白和人血清白蛋白,但人血清白蛋白来源有限,而牛血清白蛋白用于注射会有轻度的免疫反应,近年来逐渐被重组白蛋白所替代。重组白蛋白具有结合与运输的功能,能够可逆地结合各种药物包括疏水性分子,在体内转运及释放。它还有其他许多生理功能:维持血液胶体渗透压及物质交换、自由基清除、抗凝作用、酶活性、酶抑制剂活性、影响微管渗透性等。已经上市的白蛋白结合型紫杉醇利用肿瘤细胞摄取营养物质的途径,将白蛋白传送的营养物质替换为抗肿瘤药紫杉醇,不仅避免了表面活性剂CrEL的使用,减少了由此带来的过敏反应,同时使药物富集于肿瘤病灶部位,提高了使用紫杉醇的安全性,并改善量效关系,且患者用药前不需接受预处理,药代动力学呈线性关系,治疗效果远远优于传统的紫杉醇注射液。

制备白蛋白紫杉醇纳米制剂的常用方法可以分为去溶剂化法、乳化固化法、溶剂挥发法、NAB™技术(nanoparticle albuminbound™ technology)、超声法等。

去溶剂化法是用脱水剂除去白蛋白的水化膜,使白蛋白析出,再用交联剂与白蛋白发生交联反应使之变性,从而稳定白蛋白纳米粒,最后纯化以除去残留的交联剂和有机溶剂。采用去溶剂化法制备纳米粒混悬液,方法简便、易于操作,且不引入表面活性剂,粒子的粒径均匀,包封率高,在水中重分散性较好,较为常用。

乳化固化法是将含有白蛋白的水相与含有药物及乳化剂的油相混合,通过搅拌、超声或者高压均质的方式进行乳化,然后通过加热或者化学交联的方法使液滴固化,去除有机相后得到白蛋白纳米粒。该制备白蛋白纳米粒的方法为难溶性药物,尤其是抗肿瘤药物的载药途径提供了一条新的思路。

溶剂挥发法,又称液中干燥法,是从乳状液中除去分散相挥发性溶剂以制备纳米粒的方法,既不需要提高温度,也不需要引起相分离的凝聚剂,将乳状液进行二次乳化可使粒径控制在更小范围内。溶剂挥发法的主要工艺步骤为药物的加入、乳滴的形成、溶剂的挥发、过滤和干燥。

NAB™ 技术是以白蛋白作为基质和稳定剂,在高剪切力(如超声处理、高压匀化或类似方法)下,将包含水不溶性药物的油相和含白蛋白的水相混合,制备 O/W 乳剂,在没有任何常规表面活性剂或任何聚合物核心存在的情况下制备药物的白蛋白纳米粒技术。此技术在不改变白蛋白结构的前提下,将药物载入其中,以提高制品的稳定性。NAB™ 技术利用高剪切力的气穴空化作用使白蛋白的游离巯基形成新的二硫键,将白蛋白交联在一起,制备纳米粒,由于这种结合非常类似于体内天然发生的结合,故给药后的生物相容性好,且保留了白蛋白的全部生物学特征,克服了传统制备方法的缺陷。

本实验采用 NAB™ 技术制备白蛋白紫杉醇纳米制剂。

三、实验试剂与仪器

1. 实验试剂

人血清白蛋白(HSA),紫杉醇(PTX),氯仿,乙醇,蒸馏水。

2. 实验仪器

高压均质机,激光粒度仪,磁力搅拌器,旋转蒸发仪,离心机,紫外分光光度计,超声仪,超滤管(截留相对分子质量 10kDa),天平,烧杯,圆底烧瓶。

四、实验内容与步骤

(一)空白白蛋白纳米粒的制备

1. 处方(表 5-43)

表 5-43　空白白蛋白纳米粒的处方

成分	用量
HSA	100mg
有机相——氯仿：乙醇(94：6,V/V)	1ml
蒸馏水	9ml

2. 制备

将 100mg HSA 溶解于 9ml 水中,待溶解完全,在搅拌的条件下,将 1ml 有机相缓慢滴入 HSA 溶液中,形成初乳,利用高压均质机对初乳进行高压均质,均质压强为 140MPa,均质循环数为 12 次,收集均质后乳液。将该乳液转移至圆底烧瓶内,利用旋转蒸发仪除去乳液内有机溶剂,即得白蛋白纳米混悬液。冷冻干燥,即得白蛋白纳米粒。

（二）白蛋白紫杉醇纳米粒的制备

1.处方（表 5-44）

表 5-44　白蛋白紫杉醇纳米粒的处方

成分	用量
HSA	100mg
PTX	15mg
有机相——氯仿∶乙醇（94∶6,V/V）	1ml
蒸馏水	9ml

2.制备

将 100mg HSA 溶解于 9ml 水中,得到 HSA 溶液。将 15mg PTX 溶解于 1ml 有机相中,并超声 15min 以确保完全溶解。在搅拌条件下,将 1ml 有机相缓慢滴入 HSA 溶液中,形成初乳,利用高压均质机对初乳进行高压均质,均质压强为 140MPa,均质循环数为 12 次,收集均质后乳液。将该乳液转移至圆底烧瓶内,利用旋转蒸发仪除去乳液内有机溶剂,即得白蛋白紫杉醇纳米混悬液。冷冻干燥,即得白蛋白紫杉醇纳米粒。

（三）包封率及载药量的测定

1.紫杉醇浓度-紫外吸收标准曲线的绘制

配制混合溶剂［乙醇∶水（30∶70,V/V）,含 0.1％十二烷基硫酸钠］,将不同质量的 PTX 溶解于混合溶剂中,得到不同浓度梯度的 PTX 溶液（0.005mg/ml、0.01mg/ml、0.025mg/ml、0.05mg、ml、0.1mg/ml、0.25mg/ml、0.5mg/ml）,在 230nm 波长下测量其紫外吸收,以吸光度为纵坐标,浓度为横坐标,得到浓度与吸光度的标准曲线。

2.包封率及载药量的测量

取 1ml 制得的白蛋白紫杉醇纳米混悬液,将其置于超滤管内,3000r/min 转速下离心 20min,取下部滤液,在 230nm 处测量其紫外吸收,查标准曲线得到下部滤液中 PTX 的浓度,计算下部滤液中 PTX（即未包载药物）的质量,并利用式（5-11）、式（5-12）计算 PTX 的包封率（D）和载药量（L）。

$$D = \frac{m_{药总} - m_1}{m_{药总}} \times 100\% \tag{5-11}$$

式中：$m_{药总}$ 为加入的 PTX 总量；m_1 为下部滤液中 PTX 的质量。

$$L = \frac{m_{药}}{m_{总}} \times 100\% \tag{5-12}$$

式中：$m_{药}$ 为纳米粒内的药物质量；$m_{总}$ 为纳米粒的总质量。

（四）粒径、粒径分布的测定

用蒸馏水将制得的样品稀释 10 倍,利用激光粒度仪分别测量空白白蛋白纳米粒和白

第五章　药物制剂实验

蛋白紫杉醇纳米粒的粒径及粒径分布(PDI)。

五、注意事项

1. 有机相的组成和加入量影响最终颗粒的性质,故需准确。

2. 旋蒸过程中压力、温度、时间应适当,防止暴沸或蒸干。

3. 有机溶剂具有一定的挥发性和毒性,应在负压环境下操作,并佩戴手套和口罩等防护用品。

六、结果与讨论

1. 记录不同浓度紫杉醇标准溶液的吸光度,填入表 5-45 中。

表 5-45　不同浓度紫杉醇标准溶液吸光度测定结果

标准溶液浓度/(mg/ml)	0.005	0.01	0.025	0.05	0.100	0.250	0.500
吸光度							

根据实验所得数据,用 PTX 标准溶液吸光度为纵坐标,浓度为横坐标作图,采用计算机线性回归,拟合得到吸光度与浓度关系,利用这一关系得到下部滤液即未负载的 PTX 的量,计算包封率和载药量。

2. 记录测得的空白白蛋白纳米粒和白蛋白紫杉醇纳米粒的粒径和 PDI,并比较两者的异同。

七、思考题

1. 影响纳米粒粒径的因素有哪些? 如何影响?

2. 负载紫杉醇前后纳米粒的性质有什么变化?

3. 影响白蛋白紫杉醇包封率和载药量的因素有哪些? 如何影响?

实验十二　乳化法制备海藻酸钠-壳聚糖微胶囊

一、实验目的

1. 掌握乳化法制备微胶囊的工艺;

2. 熟悉微胶囊的形成原理及结构特点;

3.了解影响微胶囊形态和大小的条件及控制方法。

二、实验原理

微胶囊是应用天然或人工合成的高分子材料,将固态、液态或气态的物质包封在具有半通透性或密封的高分子膜内形成的中空球形微粒,其粒径一般在 $5\sim1000\mu m$。微胶囊技术广泛应用于动植物细胞培养、细胞和酶的固定化、药物控制释放、抗癌药物筛选、人工器官及基因运载工具等生物医学领域。微胶囊作为药物递送载体,可掩盖药物不良气味,减少对胃肠道黏膜的刺激;保护敏感成分免受胃肠道环境破坏,提高药物的稳定性;分隔不同药物,减少复方药物之间相互作用和配伍变化;缓释、控释和靶向释放药物等。

海藻酸钠、壳聚糖是天然高分子材料,具有免疫原性低、生物相容性好、可降解且产物无毒副作用、来源广泛、价格低廉等特性,是常用的微胶囊制备材料。海藻酸钠是从褐藻类海藻中提取的一种线性聚阴离子多糖,由 β-1,4-D-甘露糖醛酸(M)和 α-1,4-L-古洛糖醛酸(G)通过 1,4-糖苷键连接,随机排列成 poly-GG、poly-MG、poly-MM 片段的共聚物。壳聚糖是一种从甲壳纲动物的壳中提取的甲壳素经脱乙酰化反应制备而成的线性聚阳离子多糖,化学名称为聚(1,4)-2-氨基-2-脱氧-β-D-葡聚糖。壳聚糖分子中含大量伯氨基,弱酸或者中性条件下伯氨基带正电荷,而海藻酸钠含大量的羧基,羧基带负电荷,通过静电作用,伯氨基和羧基发生络合反应,形成不溶于水的聚电解质复合膜。

海藻酸盐微胶囊制备方法较多,如挤压法、高压静电法、电喷雾法、乳化法等。其中,乳化法具有制备条件温和、试剂和溶剂安全、仪器设备简单、易于放大等特点。本实验采用内源乳化法制备海藻酸钠-壳聚糖微胶囊,包括:①海藻酸钙凝胶"囊芯"的制备:将海藻酸钠溶液和难溶性钙盐混合,制备混悬液,分散至油相中,制成油包水(W/O)型乳化液,再加入酸液,释放钙盐中的钙离子,乳滴内钙离子与海藻酸钠通过配位键形成稳定的螯合物,制成球形的海藻酸钙凝胶"囊芯";②海藻酸钠-壳聚糖微胶囊膜的制备:将海藻酸钙凝胶微粒与壳聚糖溶液混合,通过聚电解质络合反应,在凝胶微粒表面形成微胶囊膜;③海藻酸钙凝胶"囊芯"的液化:采用钙离子螯合剂竞争性结合海藻酸钙凝胶中的钙离子,使微胶囊的"囊芯"液化,形成海藻酸钠-壳聚糖膜包裹的中空微胶囊。乳化法制备的微胶囊表面光洁,球形度好,尺寸在 $100\sim1000\mu m$。

三、实验试剂与仪器

1.实验试剂

海藻酸钠,壳聚糖,二水合柠檬酸钠,乙酸钠,氯化钠,碳酸钙,吐温 80,液体石蜡,盐酸,乙酸。

2.实验仪器

电子天平,研钵,顶置式机械搅拌器,搅拌桨,光学显微镜,磁力搅拌器,烧杯,圆底烧瓶。

四、实验内容与步骤

（一）海藻酸钙凝胶微球的制备

1.处方（表5-46）

表5-46 海藻酸钙凝胶微球的处方

成分	用量
海藻酸钠	0.3g
碳酸钙	0.2g
液体石蜡	100ml
吐温80	0.5ml
乙酸	2.5ml
蒸馏水	20ml

2.制法

称取0.3g海藻酸钠溶于20ml蒸馏水中，搅拌至海藻酸钠完全溶解，然后加入0.2g碳酸钙，混匀制备混悬液，作为水相。在100ml液体石蜡中加入0.5ml吐温80，搅拌混匀后作为油相。将水相和油相溶液混合，用顶置式机械搅拌器搅拌乳化30min，转速300r/min。再向乳化液中缓慢滴加2.5ml乙酸以解离出钙离子，搅拌反应45min后，静置收集凝胶微球，并用1%吐温80水溶液清洗。

（二）海藻酸钠-壳聚糖微胶囊的制备

1.溶液配制

乙酸缓冲液：称取1.8ml乙酸和0.82g乙酸钠，溶于蒸馏水中，定容至100ml。

壳聚糖溶液：称取壳聚糖0.5g，溶于100ml上述乙酸缓冲液中，调节pH至4.2～4.5。

柠檬酸钠溶液：称取1.62g二水合柠檬酸钠、0.41g氯化钠溶于适量蒸馏水中，用1mol/L盐酸调节pH至7.4后定容至100ml。

2.制法

量取5ml海藻酸钙凝胶微球于烧杯中，加入50ml壳聚糖溶液，缓慢搅拌反应30min。静置收集微胶囊，用乙酸缓冲液清洗。加入50ml柠檬酸钠溶液，缓慢搅拌反应10min，静置收集微胶囊，并用0.9%氯化钠溶液清洗。

（三）微胶囊形态观察及记录

光学显微镜下观察微胶囊的形态，随机选取20个微胶囊，统计粒径大小，并计算平均粒径及标准差。

五、注意事项

1.乳化操作过程中应尽量避免产生气泡。

2.微胶囊膜制备及液化过程中应注意避免剧烈搅拌,防止微胶囊膜破碎。

3.乙酸应缓慢滴加,避免反应过快产生大量微胶囊粘连。

六、结果与讨论

1.微胶囊观察个数:_____;表面不光滑、非球形微胶囊个数:_____。

2.微胶囊粒径统计:随机选取 20 个微胶囊,统计粒径大小,填入表 5-47 中。

表 5-47　海藻酸钠-壳聚糖微胶囊的粒径统计

编号	1	2	3	4	5	6	7	8	9	10
粒径/μm										
编号	11	12	13	14	15	16	17	18	19	20
粒径/μm										
平均粒径/μm					标准差					

七、思考题

1.影响微胶囊的形态和大小的因素有哪些?

2.吐温 80 的作用是什么?

3.还有哪些材料可以制备微胶囊?

实验十三　脂质体的制备及包封率测定

一、实验目的

1.掌握薄膜分散法制备脂质体的工艺;

2.掌握用阳离子交换树脂测定脂质体包封率的方法;

3.熟悉脂质体形成原理及结构特点;

4.了解"主动载药"与"被动载药"的概念。

二、实验原理

脂质体是由磷脂与附加剂为骨架膜材制成的具有双分子层结构的封闭囊状体。常见的磷脂分子结构中有两条较长的疏水烃链和一个亲水基团,将适量的磷脂加至水或缓冲溶液中,磷脂分子定向排列,其亲水基团面向两侧的水相,疏水的烃链彼此相对缔合为双分子层,构成脂质体。用于制备脂质体的磷脂有天然磷脂,如豆磷脂、卵磷脂等;合成磷脂,如二棕榈酰磷脂酰胆碱、二硬脂酰磷脂酰胆碱等。常用的附加剂为胆固醇。胆固醇也是两亲性物质,与磷脂混合使用,可制得稳定的脂质体,其作用是调节双分子层的流动性,降低脂质体膜的通透性。其他附加剂有十八胺、磷脂酸等,这两种附加剂能改变脂质体表面的电荷性质,从而改变脂质体的包封率和体内外其他参数。

脂质体可分为三类:小单室(层)脂质体,粒径为 $20\sim50nm$,经超声波处理的脂质体,绝大部分为小单室脂质体;多室(层)脂质体,粒径为 $400\sim3500nm$,显微镜下可观察到犹如洋葱断面或人手指纹的多层结构;大单室脂质体,粒径为 $200\sim1000nm$,用乙醚注入法制备的脂质体多为这一类。

脂质体的制法有多种,根据药物的性质或需要进行选择。①薄膜分散法:这是一种经典的制备方法,它可形成多室脂质体,经超声处理后得到小单室脂质体。此法优点是操作简便,脂质体结构典型,但包封率较低。②注入法:有乙醚注入法和乙醇注入法等。其中乙醚注入法是将磷脂等膜材料溶于乙醚中,在搅拌下慢慢滴于 $55\sim65℃$ 含药或不含药的水性介质中,蒸去乙醚,继续搅拌 $1\sim2h$,即可形成脂质体。③逆相蒸发法:系将磷脂等脂溶性成分溶于有机溶剂(如氯仿)中,再按一定比例与含药的缓冲液混合、乳化,然后减压蒸去有机溶剂即可形成脂质体。该法适用于水溶性药物、大分子活性物质(如胰岛素等)的脂质体制备,可提高包封率。④冷冻干燥法:适用于在水中不稳定药物脂质体的制备。⑤熔融法:采用此法制备的多相脂质体,其物理稳定性好,可加热灭菌。本实验采用薄膜分散法制备脂质体。

在制备含药脂质体时,根据药物装载的机理不同,可分为主动载药与被动载药两大类。所谓主动载药,即通过内外水相的不同离子或化合物梯度进行载药,主要有 K^+-Na^+ 梯度和 H^+ 梯度(即 pH 梯度)等。传统上,人们采用最多的方法是被动载药法。所谓被动载药,即首先将药物溶于水相或有机相(脂溶性药物)中,然后按所选择的脂质体制备方法制备含药脂质体,其共同特点是:在装载过程中脂质体的内外水相或双分子层膜上的药物浓度基本一致,决定其包封率的因素为药物与磷脂膜的作用力、膜材的组成、脂质体的内水相体积、脂质体数目及药脂比(药物与磷脂膜材比)等。对于脂溶性、与磷脂膜亲和力高的药物,被动载药法较为适用。而对于两亲性药物,其油水分配系数受介质的 pH 值和离子强度的影响较大,包封条件的较小变化,就有可能使包封率有较大的变化。

评价脂质体质量的指标有粒径、粒径分布和包封率等。其中,脂质体的包封率是衡量脂质体内在质量的一个重要指标。常见的包封率测定方法有分子筛法、超速离心法、超滤法等。本实验采用阳离子交换树脂法测定包封率。阳离子交换树脂法是利用离子交换作用,将荷正电的未包进脂质体中的药物(即游离药物),如本实验中的游离的小檗碱,用阳离子交换树脂吸附除去。而包封于脂质体中的药物(如小檗碱),由于脂质体荷负电荷,不能被阳离子交换树脂吸附,从而达到分离目的,用以测定包封率。

三、实验试剂与仪器

1.实验试剂

盐酸小檗碱,注射用大豆卵磷脂,胆固醇,无水乙醇,磷酸氢二钠,磷酸二氢钠,柠檬酸,柠檬酸钠,碳酸氢钠,阳离子交换树脂。

2.实验仪器

旋转蒸发仪,烧瓶,恒温水浴锅,磁力搅拌器,光学显微镜,注射器,$0.8\mu m$ 微孔滤膜,紫外分光光度计,量瓶等。

四、实验内容与步骤

(一)空白脂质体制备

1.处方(表 5-48)

表 5-48 空白脂质体的处方

成分	用量
注射用大豆卵磷脂	0.9g
胆固醇	0.3g
无水乙醇	1~2ml
磷酸盐缓冲液	适量
	制成30ml脂质体

2.操作

(1)磷酸盐缓冲液的配制:称取磷酸氢二钠($Na_2HPO_4 \cdot 12H_2O$)0.37g 与磷酸二氢钠($NaH_2PO_4 \cdot 2H_2O$)2.0g,加蒸馏水适量,溶解并稀释至 1000ml(pH 约为 5.7)。

(2)称取处方量大豆卵磷脂、胆固醇于 50ml 烧杯中,加入 1~2ml 无水乙醇,置于 65~70℃水浴中,搅拌使溶解,旋转烧杯使磷脂的乙醇液在杯壁上成膜,用吸耳球轻吹风,将乙醇挥去。

(3)另取磷酸盐缓冲液 30ml 于烧杯中,同置于 65~70℃水浴中,保温,待用。

(4)取预热的磷酸盐缓冲液 30ml,加至含有磷脂和胆固醇脂质膜的烧杯中,65~70℃水浴中搅拌水化 10min。再将小烧杯置于磁力搅拌器上,室温下搅拌 30~60min。如溶液体积减小,可补加水至 30ml,混匀,即得。

(5)取样,在油镜下观察脂质体的形态,画出所见脂质体结构,记录最多和最大的脂质体的粒径;随后将所得脂质体溶液通过 $0.8\mu m$ 微孔滤膜两遍,进行整粒,再于油镜下观察脂质体的形态,画出所见脂质体结构,记录最多和最大的脂质体的粒径。

(二)被动载药法制备盐酸小檗碱脂质体

1.处方(表5-49)

表 5-49　盐酸小檗碱脂质体的处方

成分	用量
注射用大豆卵磷脂	0.9g
胆固醇	0.3g
无水乙醇	1～2ml
盐酸小檗碱溶液(1mg/ml)	适量
	制成30ml脂质体

2.操作

(1)盐酸小檗碱溶液的配制:称取适量的盐酸小檗碱,用磷酸盐缓冲液配成 1mg/ml 溶液。

(2)盐酸小檗碱脂质体的制备:按处方量称取大豆卵磷脂、胆固醇置 50ml 烧杯中,加无水乙醇 1～2ml,余下操作除将磷酸盐缓冲液换成盐酸小檗碱溶液外,同"空白脂质体制备",即得被动载药法制备的小檗碱脂质体。

(三)主动载药法制备盐酸小檗碱脂质体

1.柠檬酸缓冲液的配制

称取柠檬酸 10.5g 和柠檬酸钠 7g,置于 1000ml 量瓶中,加水溶解并稀释至 1000ml,混匀,即得。

2.碳酸氢钠溶液的配制

称取碳酸氢钠 50g,置于 1000ml 量瓶中,加水溶解并稀释至 1000ml,混匀,即得。

3.空白脂质体的制备

称取磷脂 0.9g 和胆固醇 0.3g,置于 50ml 或 100ml 烧杯中,加 2ml 无水乙醇,于 65～70℃水浴中溶解并挥去乙醇,于烧杯上成膜后,加入同温的柠檬酸缓冲液 30ml,65～70℃水浴中搅拌水化 10min,再将烧杯取出,置于电磁搅拌器上,在室温下搅拌 30～60min,充分水化,补加蒸馏水至 30ml,所得脂质体溶液通过 $0.8\mu m$ 微孔滤膜两遍,进行整粒。

4.主动载药

准确量取空白脂质体 2ml、3mg/ml 盐酸小檗碱溶液(配制方法同上)1mL、碳酸氢钠溶液 0.5ml,在振摇下依次加入 10ml 西林瓶中,混匀,70℃水浴中保温 20min,随后立即用冷水降温，即得。

（四）盐酸小檗碱脂质体包封率的测定

1. 阳离子交换树脂分离柱的制备

称取已处理好的阳离子交换树脂适量，装于底部已垫有少量玻璃棉的 5ml 注射器筒中，加入磷酸盐缓冲液水化阳离子交换树脂，自然滴尽磷酸盐缓冲液，即得。

2. 柱分离度的考察

（1）盐酸小檗碱与空白脂质体混合液的制备：精密量取 3mg/ml 盐酸小檗碱溶液 0.1ml，置小试管中，加入 0.2ml 空白脂质体，混匀，即得。

（2）对照品溶液的制备：取（1）中制得的混合液 0.1ml 置 10ml 量瓶中，加入 95％乙醇 6ml，振摇使溶解，再加磷酸盐缓冲液至刻度，摇匀，过滤，弃去初滤液，取续滤液 4ml 于 10ml 量瓶中，加磷酸盐缓冲液至刻度，摇匀，得对照品溶液。

（3）样品溶液的制备：取（1）中制得的混合液 0.1ml 至分离柱顶部，待柱顶部的液体消失后，放置 5min，小心加入磷酸盐缓冲液（注意不能将柱顶部离子交换树脂冲散），进行洗脱（约需 2～3ml 磷酸盐缓冲液），同时收集洗脱液于 10ml 量瓶中，加入 95％乙醇 6ml，振摇使之溶解，再加磷酸盐缓冲液至刻度，摇匀，过滤，弃去初滤液，取续滤液为样品溶液。

（4）空白溶剂的配制：取 95％乙醇 30ml，置 50ml 量瓶中，加磷酸盐缓冲液至刻度，摇匀，即得。

（5）吸光度的测定：以空白溶剂为对照，在 345nm 波长处分别测定样品溶液与对照品溶液的吸光度，利用式（5-13）计算柱分离度。分离度要求大于 0.95。

$$柱分离度 = 1 - \frac{A_{样}}{A_{对} \times 2.5} \qquad (5\text{-}13)$$

式中：$A_{样}$ 为样品溶液的吸光度；$A_{对}$ 为对照品溶液的吸光度；2.5 为对照品溶液的稀释倍数。

3. 包封率的测定

精密量取 0.1ml 盐酸小檗碱脂质体两份，一份置 10ml 量瓶中，按"柱分离度的考察"项下（2）进行操作，另一份置于分离柱顶部，按"柱分离度的考察"项下（3）进行操作，所得溶液于 345nm 波长处测定吸光度，按式（5-14）计算包封率。

$$包封率/\% = \frac{A_L}{A_T} \times 100 \qquad (5\text{-}14)$$

式中：A_L 为通过分离柱后收集脂质体中盐酸小檗碱的吸光度；A_T 为盐酸小檗碱脂质体中总的药物吸光度。

五、注意事项

1. 磷脂和胆固醇的乙醇溶液应澄清，不能在水浴中放置过长时间；磷脂、胆固醇形成的薄膜应尽量薄。

2. 65～70℃水浴中搅拌水化 10min，要充分保证所有脂质水化，不得存在脂质块。

第五章　药物制剂实验

3."主动载药"过程中,加药顺序一定不能颠倒,加三种液体时,随加随摇,确保混合均匀,保证体系中各部位的梯度一致。

4.水浴保温时,应注意随时轻摇,只需保证体系均匀即可,无须剧烈摇动。用冷水冷却过程中,也应轻摇。

六、结果与讨论

1.绘制显微镜下脂质体的形态图。从形态上看,脂质体、乳剂及微囊有何差别?

2.记录显微镜下测定的脂质体的粒径。

最大粒径(μm):

最多粒径(μm):

3.计算柱分离度与包封率,并以包封率为指标,对被动载药法与主动载药法进行评价。

七、思考题

1.简述以脂质体作为药物载体的作用机制和功能特点,讨论影响脂质体形成的因素。

2.常用脂质体的膜材料有哪些? 本实验在制备脂质体时加入胆固醇的目的是什么?

3.比较脂质体各制备方法的特点。

4.如何提高脂质体对药物的包封率?

拓展项目一　片剂生产实训

一、能力目标

1.掌握片剂生产的工艺过程及生产中的控制点;

2.掌握片剂生产的各种工艺;

3.熟悉槽型混合机、V型混合机、摇摆式制粒机、湿法制粒机、旋转压片机等相关设备的操作与管理。

二、项目背景

片剂系指原料药物与适宜辅料混匀压制或用其他适宜方法制成的圆片状或异形片状的固体制剂。片剂是现代药物制剂中应用最为广泛的剂型之一。片剂以口服普通片为主,另有含片、咀嚼片、分散片、泡腾片、阴道片和肠溶片等。

压片过程的三大要素是流动性、压缩成形性和润滑性。①流动性好:使流动、充填等粉体操作顺利进行,可减小片重差异;②压缩成形性好:不出现裂片、松片等不良现象;③润滑性好:片剂不黏冲,可得到完整、光洁的片剂。片剂的处方筛选和制备工艺的选择首先考虑能否压出片。片剂的制备方法按制备工艺不同分类如图5-8所示。

$$
\begin{array}{l}
\text{制粒压片法}\left\{\begin{array}{l}\text{湿法制粒压片法}\\\text{干法制粒压片法}\end{array}\right.\\[2em]
\text{直接压片法}\left\{\begin{array}{l}\text{粉末直接压片法}\\\text{半干式颗粒(空白颗粒)压片法}\end{array}\right.
\end{array}
$$

图5-8 片剂制备方法

片剂在生产与贮藏期间应符合下列有关规定:

(1)原料药物与辅料应混合均匀。含药量小或含毒、剧药的片剂,应根据原料药物的性质采用适宜方法使其分散均匀。

(2)凡挥发性或对光、热不稳定的原料药物,在制片过程中应采取遮光、避热等适宜方法,以避免成分损失或失效。

(3)压片前的物料、颗粒或半成品应控制水分,以适应制片工艺的需要,防止片剂在贮存期间发霉、变质。

(4)根据依从性需要片剂中可加入矫味剂、芳香剂和着色剂等,一般指含片、口腔贴片、咀嚼片、分散片、泡腾片、口崩片等。

(5)为增加稳定性、掩盖原料药物不良臭味、改善片剂外观等,可对制成的药片包糖衣或薄膜衣。对一些遇胃液易破坏、刺激胃黏膜或需要在肠道内释放的口服药片,可包肠溶衣。必要时,薄膜包衣片剂应检查残留溶剂。

(6)片剂外观应完整光洁,色泽均匀,有适宜的硬度和耐磨性,以免包装、运输过程中发生磨损或破碎,除另有规定外,非包衣片应符合片剂脆碎度检查法(《中国药典》通则0923)的要求。

(7)片剂的微生物限度应符合要求。

(8)根据原料药物和制剂的特性,除来源于动、植物多组分且难以建立测定方法的片剂外,溶出度、释放度、含量均匀度等应符合要求。

(9)除另有规定外,片剂应密封贮存。生物制品原液、半成品和成品的生产及质量控制应符合相关品种要求。

三、实训设备与材料

1.设备

万能粉碎机,槽型混合机,V型混合机,湿法制粒机,摇摆式制粒机,旋转压片机,电子秤,料桶等。

2.材料

制备片剂用原辅料,乙醇,纯化水。

四、实训内容

(一)生产前准备

1.检查操作间是否有清场合格标识并在有效期内,检查工具、容器等是否清洁干燥,否则按清场标准程序进行清场,换上"生产中"状态标识牌。

2.清理设备、容器、工具、工作台。调节电子天平,检查模具是否清洁干燥、是否符合生产指令要求,必要时用75％乙醇擦拭消毒。

3.根据生产指令填写领料单,并向中间站领取物料,核对品名、批号、规格、数量、质量无误后,进行下一步操作。

(二)混合制粒干燥操作

1.根据制备工艺规程,称取相应的黏合剂、溶剂(两人核对);配制黏合剂,如10％淀粉浆,搅拌混匀,保存备用。

2.向混合机内加入经粉碎过筛的原辅料和黏合剂(或润湿剂),按《槽型混合机操作规程》进行混合操作。

3.将制好的软材按《摇摆式制粒机操作规程》进行制粒操作;或按《湿法制粒机操作规程》进行混合、制粒操作。

4.将制好的颗粒放入干燥箱内烘干,使颗粒含水量符合要求(如3％～5％)后出料。干颗粒放入带有洁净布袋或塑料袋的料桶内,移交下一道工序。

5.向混合机内添加制备的干燥颗粒和润滑剂,按《V型混合机操作规程》进行混合操作运行15min以上。已混合完毕的物料盛装于洁净的容器中密闭,交中间站,称量、贴签,填写请验单,由化验室检测。

(三)压片操作

1.按《压片设备标准操作规程》依次装好中模、上冲、下冲、饲粉器、流片槽等部件。压片模具的安装:装上冲模,用上冲模定位装中模。模具要求按编号对号入位。

2.用手转动手轮,使转台转动1～2圈,确认无异常后,关闭玻璃门。将适量颗粒送入料斗,手动试压,调节片重、压力。

3.试压合格,加入颗粒,开机正常压片。在生产过程中须定时(每15～30min)抽验片剂的质量是否符合要求,随时观察片剂外观,并做好记录。

4.料斗内所剩颗粒较少时,应降低车速及时调整填充装置,以保证压出合格的片子;料斗内颗粒接近没有时,把变频电位调至零位,然后关闭主机。

5.运行过程中用听、看等办法判断设备性能是否正常,一般故障自己排除,自己不能排除的通知维修人员维修正常后方可使用。运转中如遇跳片或阻片,切不可用手拨动,以免造成伤害事故。设备必须有可靠的接地。

（四）清场

1.收集生产所剩尾料，标明状态，交中间站，并填写记录。

2.对所有设备及所用容器、工具用清洁剂、纯化水擦洗，并用75％乙醇溶液或其他消毒剂消毒。上、下冲头和模圈最后用食用油擦抹保养，保存在专用的盒子里。

3.检查地面、墙面、台面有无遗留下的残余物料或片子及标签等物品。

设备、容器、用具的清洁及生产区环境、清洁工具的清洁按照相关规定进行。

（五）记录

清场完毕，填写清场记录。上报质量保证（QA）检查，合格后发"清场合格证"，挂"已清场"状态标识牌。

（六）质量控制关键点

1.混合设备转速；混合物料的装量和混合时间；混合物均匀度。

2.干燥后颗粒的含水量；颗粒中各组分均匀程度和粒度大小；操作中要重点控制黏合剂用量以及湿颗粒的烘干温度和烘干时间。

3.压片过程片剂外观；平均片重及片重差异；片剂硬度及脆碎度；片剂崩解时限。

（七）压片工序工艺验证

压片工序工艺验证主要针对压片机的压片效果进行考察，评价压片工艺的稳定性，确认按制定的工艺规程压片后的片剂能够达到质量标准。

参数：压片机转速、压力、压片时间等。

按规定的压片机转速、压力及相关工艺参数进行生产，分开始、中间、结束三次取样，检测外观、片重差异、脆碎度、崩解时限，每次取样量为20片。

验证通过的标准：按制定的工艺规程压片，制备片剂应符合质量标准的要求，外观、片重差异、脆碎度以及含量均应符合质量标准，崩解时限RSD≤5.0％，说明压片工艺合理。

（八）片剂的质量检查

片剂的质量检查项目有外观、片重差异、脆碎度、崩解时限、溶出度或释放度、含量等项目，查阅《中国药典》，按规定进行操作。凡规定检查溶出度、释放度的片剂，一般不再进行崩解时限检查。

五、实训结果

1.说明实训过程操作要点。

2.列出原始数据，并对其进行处理及分析。

3.对实训过程进行总结，提出问题和建议等。

六、实训思考

1. 如何判断物料已经混合均匀？
2. 为什么要在混合桶运动区域范围外设置隔离标识线？
3. 摇摆式制粒机制得的颗粒大小不均匀是什么原因造成的？
4. 如何判断物料干燥程度及把握干燥时间？
5. 压片时细粉过多对片剂质量有何影响？
6. 压片时压力过大导致停机，应如何处理？
7. 压片时出现片重不合格可能是什么原因造成的？

拓展项目二　硬胶囊剂生产实训

一、能力目标

1. 掌握硬胶囊剂的一般生产工艺；
2. 使用硬胶囊填充机、抛光机，按工艺要求和操作规程熟练进行胶囊填充、抛光，得到合格的胶囊，掌握生产过程中质量控制操作；
3. 掌握全自动胶囊填充机的操作与管理；
4. 能根据标准作业程序（SOP）进行硬胶囊剂的质量检查，学会相关仪器的使用。

二、项目背景

胶囊剂系指原料药物与适宜辅料充填于空心胶囊或密封于软质囊材中的固体制剂，包括硬胶囊、软胶囊（胶丸）、缓释胶囊、控释胶囊和肠溶胶囊等，主要供口服用。硬胶囊剂指将药材提取物、药材细粉、药材提取物加药材细粉或其与适宜辅料制成的均匀粉末、细小颗粒、小丸、半固体或液体等，充填于空心胶囊中的胶囊剂。本项目主要对硬胶囊剂进行实训。

胶囊填充主要设备为全自动胶囊填充机，辅助设备有真空泵、空气压缩机、抛光机、吸尘器，主要配件有胶囊模具、螺旋钻头、刮粉板。全自动胶囊填充机主要由机座和电控系统、液晶界面、胶囊料斗、播囊装置、旋转工作台、药物料斗、充填装置、胶囊闭合装置、胶囊导出装置组成。

全自动胶囊填充机的主要功能是向空心胶囊内填充药物，配备不同规格的模具，能同时完成播囊、分离、填充、剔废、锁紧、成品出料、模块清洁等动作。机器全封闭设计，符合

GMP 要求,具有结构新颖、剂量准确、生产效率高、安全环保等特点,广泛应用于药品的生产。

胶囊剂在生产与贮藏期间应符合下列有关规定:

(1)胶囊剂的内容物不论是原料药物还是辅料,均不应造成囊壳的变质。

(2)小剂量原料药物应用适宜的稀释剂稀释,并混合均匀。

(3)硬胶囊可根据下列制剂技术制备不同形式内容物填充于空心胶囊中:①将原料药物加适宜的辅料如稀释剂、助流剂、崩解剂等制成均匀的粉末、颗粒或小片;②将普通小丸、速释小丸、缓释小丸、控释小丸或肠溶小丸单独填充或混合填充,必要时加入适量空白小丸做填充剂;③将原料药物粉末直接填充;④将原料药物制成包合物、固体分散体、微囊或微球;⑤溶液、混悬液、乳状液等也可采用特制灌囊机填充于空心胶囊中,必要时密封。

(4)胶囊剂应整洁,不得有黏结、变形、渗漏或囊壳破裂等现象,并应无异臭。

(5)胶囊剂的微生物限度应符合要求。

(6)根据原料药物和制剂的特性,除来源于动、植物多组分且难以建立测定方法的胶囊剂外,溶出度、释放度、含量均匀度等应符合要求。必要时,内容物包衣的胶囊剂应检查残留溶剂。

(7)除另有规定外,胶囊剂应密封贮存,其存放环境温度不高于 30℃,湿度应适宜,防止受潮、发霉、变质。生物制品原液、半成品和成品的生产及质量控制应符合相关品种要求。

三、实训设备与材料

1.设备

全自动胶囊填充机,电子秤,料桶等。

2.材料

制备的对乙酰氨基酚颗粒(或其他可用于胶囊填充的物料),乙醇等。

四、实训内容

(一)生产前准备

1.检查操作间是否有清场合格标识并在有效期内,检查工具、容器等是否清洁干燥,否则按清场标准程序进行清场。

2.检查设备状态,调节电子秤,核对模具是否与生产指令相符,并仔细检查模具是否完好。

3.根据生产指令填写领料单,并向中间站领取所需囊号的空心胶囊和药物粉末或颗粒,核对品名、批号、规格、数量、重量无误。

(二)生产硬胶囊

1.胶囊填充操作

(1)接通电源,启动设备空转运行,观察是否能正常运作。

(2)分别向料斗补充空心胶囊和药物,按《全自动胶囊填充机标准操作规程》进行胶囊填充。

(3)将填充完毕的胶囊收集,挂标识牌,送至抛光工序。

2.胶囊抛光操作

通过抛光,达到胶囊外表无细粉、表面光滑。胶囊剂的抛光采用药品抛光机,操作时首先检查设备各部件的完好性并进行消毒,准备好干净的周转桶、袋。将设备空转以确定是否正常,适当调整速度,在装料斗内加入胶囊与适量滑石粉,调整转速至最佳,以保证胶囊做最佳翻动。结束后关闭电源,做好清洁工作。

3.清场

装量不合格的胶囊及剩余颗粒装入洁净容器内,挂好标签入中间站。剩余的空心胶囊,清点数量后,装入洁净容器,挂好标签送回中间站。机器内的积粉、吸尘器中收集的粉尘、地面清理出来的一切污粉、杂物及胶囊碎壳、上次所用标签,装入弃物桶,送出生产区。

设备、容器、用具的清洁及生产区环境、清洁工具的清洁按照相关规定进行。

4.记录

清场完毕,填写清场记录。上报 QA 检查,合格后发"清场合格证",挂"已清场"状态标识牌。

5.胶囊填充质量控制关键点

(1)生产中目视检测胶囊成品有无锁口不严、瘪头、漏粉现象。胶囊应套合到位、锁口整齐、松紧合适,应随时观察,及时调整。

(2)装量差异是胶囊填充质量控制关键环节,装量差异与多方面因素有关,应经常测定、及时调整,使装量差异符合内控标准要求。

(3)水分与操作间湿度(必须控制操作间相对湿度低于 60%)有关,物料应及时密封,使水分符合内控标准要求。

(4)含量、均匀度应符合内控标准要求。

(三)胶囊填充工序工艺验证

胶囊填充工序工艺验证主要考察胶囊填充机填充效果,评价填充工艺稳定性。

验证工艺条件主要为填充速度。

取样:每 10min 取样 20 粒。

检测项目:装量差异、崩解时限、外观,计算收率和物料平衡,判断本工序是否处于稳定状态。

验证通过的标准:符合胶囊中间产品质量标准,对取样数据进行分析,数据全部在上、下控制线内,且所有数据排列无缺陷。

(四)硬胶囊的质量检查

胶囊剂的质量检查项目有外观、装量差异、水分、崩解时限、溶出度、含量等,查阅《中国药典》,按规定进行操作。凡规定检查溶出度的胶囊剂可不再检查崩解时限。在制备新产品时,应做物理稳定性的加速试验。

五、实训结果

1.说明实训过程操作要点。
2.列出原始数据,并对其进行处理及分析。
3.对实训过程进行总结,提出问题和解决的建议等。

六、实训思考

1.全自动胶囊填充机开机前应做哪些准备工作?
2.空胶囊帽体未能正常分离时应进行怎样的调整?
3.发生锁口过松的原因是什么? 应如何解决?
4.发生胶囊锁紧不到位的原因是什么? 应如何解决?
5.如何进行硬胶囊的装量差异检查?

拓展项目三　冻干粉针剂的制备及其质量和稳定性分析

一、能力目标

1.掌握一种生物大分子冻干粉制剂的处方;
2.掌握一种生物大分子药物稳定性研究的方法;
3.熟悉冷冻干燥的原理及方法;
4.掌握灯检法检测可见异物的方法。

二、项目背景

人血清白蛋白(human serum albumin,HSA)是人血浆中含量最多的蛋白质,占血浆总蛋白的 50%～60%，质量浓度为 35～50g/L。人血清白蛋白是由 585 个氨基酸残基组成的单链蛋白质，氨基酸全序列共含有 35 个半胱氨酸，形成 17 对二硫键和 1 个自由的半胱氨酸，相对分子质量约为 66500，等电点为 4.7～4.9。

人血清白蛋白的主要功能是维持人体胶体渗透和维系血液中蛋白水平。此外，人血清白蛋白可以作为体内很多小分子的载体蛋白。其主要适应证为：①失血创伤、烧伤引起的休克；②脑水肿及损伤引起的颅压升高；③肝硬化及肾病引起的水肿或腹水；④低蛋白血症的防治；⑤新生儿高胆红素血症；⑥用于心肺分流术、烧伤的辅助治疗、血液透析的辅助治疗和成人呼吸窘迫综合征；⑦恶性肿瘤以及在其他疾病方面有特殊的应用。

蛋白质药物稳定性较差，尤其是水分散体系中的物理和化学不稳定性使其常常在制备及储存过程中发生变性、活性丧失或者产生潜在免疫原性物质。采用冷冻干燥技术将蛋白质药物制成冻干剂，蛋白质与多肽在冷冻干燥之后其分子在介质中的热运动及相互作用大大降低，降解变性的概率下降，可以较好地维持其结构稳定。

冷冻干燥过程包括预冻、升华干燥和解析干燥 3 个阶段。整个冻干过程中存在许多应力，常常直接或间接导致蛋白质类药物失去天然构象而变性或失活。因此，冷冻干燥过程需要加入一些冷冻干燥保护剂，在蛋白质药物的冷冻、干燥和储存过程中起稳定天然构象的作用。糖类是应用最广泛的冷冻干燥保护剂。常用的糖类冷冻干燥保护剂有果糖、海藻糖、乳糖、蔗糖、麦芽糖等。

此外，蛋白质药物的相对分子质量较大、结构复杂，稳定性较差。其一级结构氨基酸残基易发生氧化、还原、水解、脱酰胺、β-消除、二硫键断裂与重构等一系列反应，从而影响蛋白质药物的稳定性。蛋白质的高级结构主要由氢键、疏水键、离子键以及范德华力等维持，易受溶液环境中 pH、温度、离子强度、界面张力等的影响，从而会导致蛋白质药物的高级结构发生改变，形成聚体等，造成变性，导致此类药物稳定性较差或功能丧失，甚至引起免疫反应。因此，蛋白质药物制剂需要有适当的 pH、离子强度以及保护剂，并需要对其稳定性进行研究。

三、实训设备与材料

1. 设备

西林瓶，橡胶胶塞，无菌滤器，烧杯（100ml、250ml、500ml、2000ml），电子天平，连续分液器，恒温水浴，高效液相色谱仪，亲水硅胶高效体积排阻色谱柱（排阻极限 300kD），灯检仪。

2. 材料

白蛋白，氯化钠，辛酸钠，乙酰色氨酸，异丙醇，磷酸二氢钠，磷酸氢二钠等。

含 1%异丙醇的 0.2mol/L 磷酸盐缓冲液（pH＝7.0）：量取 0.5mol/L 磷酸二氢钠 200ml、0.5mol/L 磷酸氢二钠 420ml、异丙醇 15.5ml 及水 914.5ml，混匀。

四、实训内容

(一)生产前准备

1.检查生产现场、设备及容器具的清洁状况,检查操作间是否有清场合格标识并在有效期内,确认符合生产要求。

2.检查房间的温湿度计、压差表是否有"校验合格证"并在有效期内。

3.确认该房间的温湿度、压差符合规定要求,并做好温湿度、压差记录,确认水、电、气(汽)符合工艺要求,检查所有管道、阀门及控制开关并应无故障。

4.根据生产指令填写领料单,并向中间站领取所需物料,核对品名、批号、规格、数量、重量无误。

(二)冻干粉针剂的制备

1.白蛋白溶液罐装

按如表 5-50 所示处方分别配制白蛋白溶液。采用无菌滤器将配制的溶液无菌过滤。将无菌过滤后溶液用连续分液器加入 2ml 西林瓶中,每瓶装量 1ml。每个处方各取 5 瓶观察溶液性状,检测可见异物、纯度及聚体含量,其他样品进行冷冻干燥。

表 5-50　白蛋白冻干粉针剂处方

处方号	I	II
白蛋白	1.0g	1.0
蔗糖	2.0g	/
注射用水	定容至 20ml	定容至 20ml

2.产品冷冻干燥

冻干工艺如表 5-51 所示,干燥后观察冻干粉针剂性状。

表 5-51　白蛋白冻干粉针剂冻干工艺

	板温/℃	变化时间/min	维持时间/min	压强
预冻	5	30	90	1 大气压
	−45	90	90	1 大气压
一次干燥(升华)	−20	125	1200	0.075mbar
二次干燥(解析)	30	250	540	0.075mbar

1mbar＝10^2Pa。

3.生产结束

生产结束后,按《清场标准操作程序》进行清场,清场完毕,填写清场记录。做好房间、设备、容器等清洁工作并按要求完成记录。上报 QA 检查,合格后发"清场合格证",挂"已清场"状态标识牌。

(三)冻干粉针剂质量分析

1.复溶

每瓶加入 1ml 20～25℃灭菌注射用水,轻轻摇动,记录完全溶解时间,并观察复溶后性状。

2.可见异物检测

采用灯检法检测制剂可见异物。取上述处方复溶样品,擦净容器外壁,将制剂西林瓶置遮光板边缘,在明视距离(指样品至人眼的清晰观测距离,通常为 25cm),手持西林瓶颈部,轻轻旋转和翻转容器(但应避免产生气泡),使药液中可能存在的可见异物悬浮,分别在黑色和白色背景下目视检查,重复观察,总检查时限为 20s,每次检查可手持 2 瓶。检查时被观察样品所在处的光照度应为 1000～1500lx。

3.白蛋白单体及二聚体含量检测

采用分子排阻色谱法测定蛋白聚体。亲水硅胶高效体积排阻色谱柱(SEC,排阻极限 300kD),以含 1% 异丙醇的 0.2mol/L 磷酸盐缓冲液(pH＝7.0)为流动相,检测波长为 280nm,流速为 0.6ml/min。取各组样品,稀释至 12.5mg/ml,进行分子排阻色谱法测定,进样量 $20\mu l$,记录色谱图,检测时长 60min。按面积归一法计算,色谱图中未保留(全排阻)峰的含量(%)除以 2,即为人血清白蛋白多聚体含量。白蛋白单体峰含量即为纯度。

(四)白蛋白注射剂稳定性加速试验

1.白蛋白注射剂配制

按如表 5-52 所示处方配制白蛋白注射剂,用 0.01mol/L HCl/NaOH 溶液调节 pH 至 7.0±0.1。采用无菌滤器将配制的溶液进行无菌过滤。将无菌过滤后的溶液用连续分液器加入 2ml 西林瓶中,每瓶装量 1ml。取 5 瓶检测可见异物、纯度及聚体含量。

表 5-52 白蛋白注射剂处方

试剂	用量
白蛋白	1.250g
氯化钠(等渗剂)	0.410g
辛酸钠(保护剂)	0.166g
乙酰色氨酸(保护剂)	0.246g
注射用水	定容至 50ml

2.制剂稳定性实验

分别将上述灌装后制剂置于 37℃、45℃、55℃、65℃恒温水浴。分别于 8h、24h、48h、

72h取每组样品进行质量分析。

3.白蛋白制剂稳定性加速试验检测分析

检测每组条件下可见异物、白蛋白单体及二聚体含量,检测方法同上。

（五）注意事项

1.配液及灌装过程应该尽量避免剧烈搅拌和振荡,避免产生大量气泡。

2.灯检操作,当样品溶液中有大量气泡产生影响观察时,需静置足够时间至气泡消失后检查。

3.人血清白蛋白单体峰与二聚体峰间的分离度应大于1.5,拖尾因子按人血清白蛋白单体峰计算应为0.95～1.40。

4.复溶时间应小于15min,复溶后溶液应为无色或淡黄色澄明液体,可带轻微乳光,不应出现浑浊。

五、实训结果

1.数据记录

冻干粉针剂及其质量分析：
(1)冷冻干燥前产品的性状：_____。
(2)冷冻干燥后产品的性状：_____。
(3)复溶时间：_____；复溶后产品的性状：_____。
(4)可见异物记录：①记录检出明显可见异物的样品,即检出金属屑、玻璃屑、长度超过2mm的纤维、最大粒径超过2mm的块状物、静置一定时间后轻轻旋转时肉眼可见的烟雾状微粒沉积物、无法计数的微粒群或摇不散的沉淀,以及在规定时间内较难计数的蛋白质絮状物等明显可见异物。②记录检出微细可见异物的样品,即检出点状物、2mm以下的短纤维和块状物等微细可见异物,生化药品或生物制品若检出半透明的小于约1mm的细小蛋白质絮状物或蛋白质颗粒等微细可见异物。将结果填入表5-53中。

表5-53　白蛋白冻干粉针剂可见异物结果

样品名称	检出明显可见异物/支	检出微细可见异物/支
处方 I		
处方 II		

(5)白蛋白单体及二聚体含量：记录分子排阻色谱图,按面积归一法计算,其中主峰为人血清白蛋白,相对保留时间约为0.85的峰为二聚体,以此计算白蛋白单体及二聚体含量(色谱图参考图5-9)。

(6)将稳定性加速试验结果填入表5-54中。

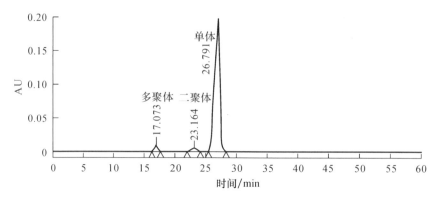

图 5-9　分子排阻色谱图参考图谱

表 5-54　白蛋白注射剂可见异物结果记录

组别	实验条件	时间点	明显可见异物/支	微细可见异物/支	浓度 c
0	起始溶液	0h			
1	37℃	8h			
		24h			
		48h			
		72h			
2	45℃	8h			
		24h			
		48h			
		72h			
3	55℃	8h			
		24h			
		48h			
		72h			
4	65℃	8h			
		24h			
		48h			
		72h			

(7)反应速率常数及有效期计算:分别检测各个温度条件下不同取样时间点浓度 c,对每个温度条件,按照 $\lg c$ 对时间 t 作图,如果曲线为一条直线,则表明白蛋白活性破坏反应为一级反应:

$$c = c_0 e^{-kt} \tag{5-15}$$

即
$$\lg c = \frac{-kt}{2.303} + \lg c_0 \qquad (5\text{-}16)$$

根据曲线斜率可以计算各个温度条件下的速率常数 k。反应速率常数与热力学温度 T 的关系符合 Arrhenius 方程:

$$k = A\mathrm{e}^{-\frac{E_a}{RT}} \qquad (5\text{-}17)$$

即
$$\lg k = \lg A - \frac{E_a}{2.303R} \cdot \frac{1}{T} \qquad (5\text{-}18)$$

式中:E_a 为活化能,R 为摩尔气体常数,A 为指前因子(也称频率因子)。

采用 $\lg k$ 对 $1/T$ 作图,可以得到 $\lg k$ 与 $1/T$ 的线性关系,计算 4℃、25℃ 条件下的失活速率常数 $k_{4℃}$ 及 $k_{25℃}$,并计算相应的有效期 $t_{0.9}$。

$$t_{0.9} = \frac{0.1054}{k} \qquad (5\text{-}19)$$

将白蛋白注射剂加速试验结果填入表 5-55 中。

表 5-55   白蛋白注射剂加速试验结果

温度/℃	T	$1/T$	k	$\lg k$
37				
45				
55				
65				

反应速率常数:$k_{4℃} = \qquad\qquad k_{25℃} =$

有效期: $t_{4℃} = \qquad\qquad t_{25℃} =$

六、实训思考

1.冻干保护剂维持蛋白质稳定性的原理是什么?

2.还有哪些其他种类的冻干保护剂?

3.哪些因素会影响蛋白药物制剂存储运输过程中的稳定性?

4.如何增强蛋白药物制剂的稳定性?

5.生物制剂可见异物合格的判定标准是什么?

第六章　中试实验

实验一　头孢曲松钠的精制

一、实验目的

1.了解生产工艺流程,熟悉搪玻璃反应罐、离心机等单元设备的基本结构和基本操作;

2.熟悉磁翻板液位计的计量原理,掌握计量罐计量刻度标定方法;

3.熟悉药物的精制过程,掌握高位槽里溶剂滴加速度的控制方法。

二、实验原理

头孢曲松钠(ceftriaxone sodium)用于治疗敏感致病菌所致的下呼吸道感染、尿路感染、胆道感染,以及腹腔感染、盆腔感染、皮肤软组织感染、骨和关节感染、败血症、脑膜炎等及手术期感染预防。其结构式为:

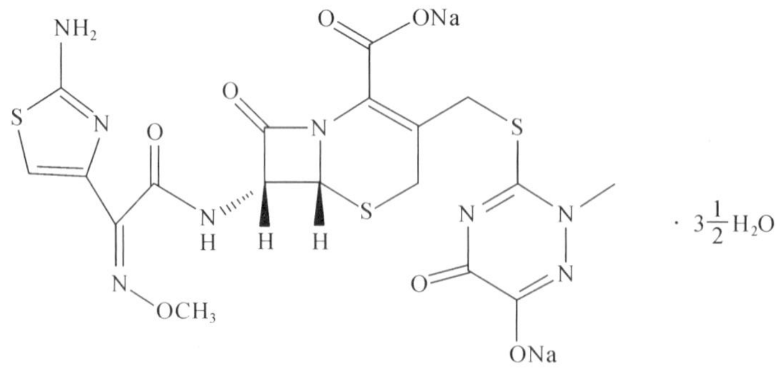

本品为白色或类白色结晶性粉末,无臭,在水中易溶,在三氯甲烷或乙醚等溶剂中几乎不溶。将头孢曲松钠溶于水经脱色过滤,滤液中加入不溶性溶剂丙酮使头孢曲松钠析出,经过滤、洗涤、干燥得到药用头孢曲松钠。

三、实验材料、试剂与设备

1.实验材料和试剂

头孢曲松钠粗品,活性炭,丙酮等。

2.生产设备

搪玻璃反应罐,不锈钢反应罐,离心机,计量罐,高位槽,离心泵,循环水式真空泵等。

四、生产工艺流程

头孢曲松钠精制生产工艺流程如图 6-1 所示。

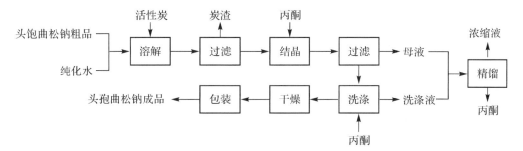

图 6-1 头孢曲松钠精制生产工艺流程

五、实验内容与步骤

1.脱色过滤

往反应罐中加入 6kg 纯化水,开启搅拌开关,控制温度到 10～15℃,投入 2kg 头孢曲松钠粗品,待其溶解后加入 0.05kg 活性炭搅拌 30min,过滤至结晶罐。

2.结晶

过滤结束,开启结晶罐搅拌,滴加 30L 丙酮,控制温度在 18～25℃,滴加时间约 30min。滴加结束后降温至 5～10℃,搅拌 1h。

3.过滤、洗涤、干燥

将料液放入离心机进行过滤,用 8L 丙酮淋洗,滤干,再用 50～65℃ 热水真空干燥 3～5h,待水分≤9.5%后包装。

4.精馏

母液和洗涤液送至不锈钢反应罐中进行精馏回收。

六、注意事项

1.投料所需的原材料及相关工具应提前准备妥当;

2.投料前先检查反应罐设备等阀门是否处于合理的开关状态;

3.检查是否有上次生产遗留物；

4.按生产工艺投料，及时做好生产记录，记录不应提前书写或事后做回忆录；

5.严禁带火种进入生产现场，严禁乱扔乱抛；

6.严格按离心机操作要求操作，发现异常响动及时停机检查。

七、思考题

1.如何将丙酮送至指定的高位槽？

2.如何控制滴加速度？

3.离心机操作注意事项有哪些？

实验二　乙酸乙酯的中试规模试制与质量分析

一、实验目的

1.掌握酯化反应的基本原理和制备方法，掌握提高可逆反应产率的措施；

2.掌握中试实验装置——双层防爆玻璃反应釜的操作方法；

3.学习内标标准曲线法定量的基本原理和测定乙酸乙酯粗品中杂质含量的方法；

4.学习气相色谱分析原理及其操作步骤。

二、实验原理

在少量酸（H_2SO_4 或 HCl）催化下，羧酸和醇反应生成酯，这个反应叫做酯化反应（esterification），是通过加成-消去机理进行的。质子活化的羰基被亲核试剂醇进攻发生亲核加成反应，所得中间体通过质子转移和脱水最终生成酯。该反应为可逆反应，为了使反应原料转化完全，促进反应平衡向右移动，一般采用过量的反应试剂（根据反应物的价格，是过量酸还是过量醇）。此外，可以加入能够与水恒沸的物质不断从反应体系中带出水，使平衡向右移动（即减小产物的浓度）。在实验室中可采用分水器来完成。

酯化反应的可能历程为：

$$R-\overset{\displaystyle O}{\underset{\displaystyle OH}{C}} \underset{\longleftarrow}{\overset{H^+}{\longrightarrow}} R-\overset{\displaystyle \overset{+}{O}H}{\underset{\displaystyle OH}{C}} \underset{\longleftarrow}{\overset{R'OH}{\longrightarrow}} \left[\begin{array}{c} OH \\ | \\ R-C-OH \\ | \\ \overset{+}{HOR'} \end{array} \right] \longrightarrow$$

$$R-\overset{\displaystyle :OH}{\underset{\displaystyle OR'}{\underset{|}{C}}-\overset{+}{O}H_2} \underset{\longleftarrow}{\overset{-H_2O}{\longrightarrow}} R-\overset{\displaystyle \overset{+}{O}H}{\underset{\displaystyle }{\overset{\|}{C}}}-OR' \underset{\longleftarrow}{\overset{-H^+}{\longrightarrow}} R-\overset{\displaystyle O}{\overset{\|}{C}}-OR'$$

乙酸乙酯的合成方法很多,可由乙酸或其衍生物与乙醇反应制取,也可由乙酸钠与卤乙烷反应来合成等。其中,最常用的方法是在酸催化下由乙酸和乙醇直接酯化。常用浓硫酸、氯化氢、对甲苯磺酸或强酸性阳离子交换树脂等做催化剂。若用浓硫酸做催化剂,其用量是醇的 3% 即可。其反应式为:

主反应: $CH_3COOH + CH_3CH_2OH \underset{\longleftarrow}{\overset{H_2SO_4}{\longrightarrow}} CH_3COOCH_2CH_3 + H_2O$

副反应: $2\,CH_3CH_2OH \underset{\longleftarrow}{\overset{H_2SO_4}{\longrightarrow}} CH_3CH_2OCH_2CH_3 + H_2O$

$CH_3CH_2OH \overset{H_2SO_4}{\longrightarrow} CH_2{=\!=}CH_2 + H_2O$

该反应为可逆反应,提高产率的措施为:一方面加入过量的乙醇,另一方面在反应过程中不断蒸出生成的产物和水,促进平衡向生成酯的方向移动。

三、实验材料、试剂与设备

1.实验材料、试剂

乙酸,无水乙醇,浓硫酸,正庚烷,氢氧化钠,无水硫酸钠,饱和碳酸钠溶液,饱和食盐水。

2.生产设备

双层防爆玻璃反应釜(20L),气相色谱仪。

四、主要试剂及产品的物理常数

主要试剂及产品的物理常数见表 6-1。

表 6-1 主要试剂及产品的物理常数

名称	相对分子质量	性状	折光率	相对密度	熔点/℃	沸点/℃	溶解度/(g/100ml)		
							水	醇	醚
乙酸	60.05	无色液体	1.3698	1.049	16.6	118.1	∞	∞	∞
乙醇	46.07	无色液体	1.3614	0.780	−117	78.3	∞	∞	∞
浓硫酸	98.04	无色液体	1.4288	1.840	10.4	338	∞	—	—
乙酸乙酯	88.10	无色液体	1.3722	0.905	−84	77.15	8.6	∞	∞

五、实验装置

实验装置如图 6-2 所示。

图 6-2　20L 双层防爆玻璃反应釜

六、实验内容与步骤

1.酯化反应

将 5.24L 乙酸和 6.78L 无水乙醇分别减压吸入 20L 双层防爆玻璃反应釜中,开动搅拌器,打开冷凝水(水流速适中),将 1.1L 浓硫酸通过恒压滴液漏斗缓慢滴入反应釜中,注意观察温度计显示温度情况。滴毕,逐步升温至回流(油浴温度先设为 50℃,然后逐步升高至约 85℃),观察到出现明显回流后开始计时,每 20min 取样一次(注意除酸除水),不断将分出的水放出。至反应接近平衡后(气相中乙醇与乙酸乙酯比例基本不变),测量分出的水层的总体积。停止加热,冷却至反应液温度约为 40℃,再缓慢打开真空开关,进行减压蒸馏,并再次缓慢升温至 50~60℃,注意控制馏出液馏出速度。至馏出液基本不再馏出后,停止蒸馏,收集馏出液。停止加热和搅拌,待反应液冷却至室温后,将残留液通过下部小心放出。再用少量乙醇清洗反应釜,待用。

2.纯化

将馏出液转移至双层防爆玻璃反应釜中,开动搅拌器,将饱和碳酸钠溶液缓慢地加入,直到无二氧化碳气体逸出为止。要少量分批加入饱和碳酸钠溶液,并不断地搅拌,直到酯层不显酸性为止(用 pH 试纸测试接近 7)。用等体积的饱和食盐水洗涤 1 次,放出下层废液。打开反应釜顶部固体物料加料口,再将约 500g 无水硫酸钠分批加入,盖好加料口,搅拌约20min,放到塑料桶中。抽滤,滤液倒入干净的塑料桶中,密封保存。用水清洗反应釜,自然干燥。

七、注意事项

1.由于乙酸乙酯可以与水、醇形成二元、三元共沸物,因此馏出液中还有水、乙醇;

2.减压蒸馏残余物时必须将残余物冷至室温,戴橡胶手套,用塑料桶接,小心拧开底阀放出;

3.用饱和食盐水的目的是降低乙酸乙酯在水中的溶解度;

4.干燥剂无水硫酸钠也可用无水硫酸镁替代;

5.控制浓硫酸滴加的速度,若太快,则会因局部放出大量的热量而引起爆沸;

6.洗涤时有机层用饱和食盐水洗涤后,尽量将水相分干净。

八、气相色谱分析

对于试样中少量杂质的测定,或仅需要测定试样中某些组分时,可采用内标法定量。具体原理见第四章实验三。

(一)仪器与试剂

1.FL9500 气相色谱仪。

2.微量进样器(0.5μl、1μl、5μl)。

3.移液管(0.5ml、1ml、2ml)。

4.高纯氮、高纯氢、低噪声空气净化源。

5.正庚烷($\rho=0.68\mathrm{g/cm^3}$)、无水乙醇($\rho=0.78\mathrm{g/cm^3}$)、乙酸乙酯($\rho=0.901\mathrm{g/cm^3}$)均为分析纯。

6.标准溶液按表6-2配制,分别置于 5 支 10ml 量瓶中,用乙酸乙酯定容,混匀备用。

表 6-2　标准溶液的配制

编号	$m_{正庚烷}/g$	$m_{乙醇}/g$
1	1.00	0.25
2	1.00	0.50
3	1.00	0.75
4	1.00	1.00
5	1.00	1.25

7.将约 15ml 馏出液倒入烧杯中,加入约 2g 氢氧化钠和 5g 无水硫酸钠,快速搅拌约2min,静置。将 1g 正庚烷倒入 10ml 量瓶,再将部分上清液倒入其中,定容至 10ml 待测。

（二）实验条件

1.固定液：二甲基聚硅氧烷（非极性）；色谱柱：毛细管 0.32mm×30m。

2.柱温：70℃；气化室（辅助Ⅰ）温度：150℃；检测器温度：150℃。

3.载气：氮气；检测器：氢火焰离子化检测器（FID）。

4.进样量：标准溶液 1μl；馏出液试样 0.5μl；纯物质 0.2μl。

（三）实验内容及步骤

1.根据实验条件，按仪器操作步骤将色谱仪调节至可进样状态，待仪器的电路和气路系统达到平衡，色谱工作站的基线平直时，即可进样。

2.吸取各纯物质 0.2μl 进样，记录各纯物质的保留时间。

3.吸取标准溶液 1μl 进样，记录各组分的保留时间和色谱峰面积。

4.在同样条件下，吸取未知试液 0.5μl 进样，记录各组分的保留时间和色谱峰面积。

（四）数据记录及处理

1.记录纯物质的保留时间（表 6-3）。

表 6-3　各纯物质的保留时间

	乙酸乙酯	乙醇	正庚烷
保留时间/min			

2.记录标准溶液及未知试样色谱图上各组分色谱峰面积（表 6-4）。

表 6-4　标准溶液与未知物的色谱峰面积

编号	$A_{乙醇}$/(mV·s)	$A_{正庚烷}$/(mV·s)
1		
2		
3		
4		
5		
未知物		

3.以正庚烷为内标物质，计算 $\dfrac{m_i}{m_s}$ 和 $\dfrac{A_i}{A_s}$ 值。

4.以 $\dfrac{A_i}{A_s}$ 对 $\dfrac{m_i}{m_s}$ 作图（Origin 软件），绘制各组分的标准曲线，得到线性回归方程和线性相关系数。

5.根据未知试样 $\dfrac{A_i}{A_s}$ 的值，由标准曲线计算出相应的 $\dfrac{m_i}{m_s}$ 值。

6.计算馏出液试样中乙醇的质量分数。

九、思考题

1.酯化反应有什么特点？本实验如何创造条件使酯化反应尽量向生成物方向进行？
2.浓硫酸的作用是什么？加入浓硫酸的量是多少？
3.如果采用乙酸过量是否可以,为什么？
4.实验中用饱和食盐水洗涤,是否可用水代替？
5.实验中,怎样检验酯层不显酸性？
6.本实验乙酸乙酯是否可以使用无水 $CaCl_2$ 干燥？
7.蒸出的粗乙酸乙酯中主要有哪些杂质？如何除去？
8.根据纯物质的保留时间,确定各物质的沸点大小,并说明理由。

实验三 查耳酮的合成与精制

一、实验目的

1.了解双层防爆玻璃反应釜的基本结构、操作方法与注意事项；
2.熟悉 Aldol 缩合反应的原理和一般操作过程；
3.熟悉药物的精制过程,掌握中型抽滤装置的使用方法；
4.了解实验中出现的一般问题的解决办法。

二、实验原理

查耳酮的分子式为 $C_{15}H_{12}O$,相对分子质量为 208.26,英文名称为 chalcone,是合成黄酮类化合物的重要中间体,广泛地存在于自然界中,具有显著的生物活性。其结构式为：

本品为淡黄色斜方或菱形晶体,无臭,易溶于醚、氯仿、二硫化碳和苯,微溶于醇,难溶于冷石油醚,熔点 57～58℃。查耳酮粗品可在乙醇溶液中重结晶。

三、实验材料、试剂与设备

1.实验材料和试剂

苯甲醛,苯乙酮,工业乙醇(95%),无水乙醇,氢氧化钠,水等。

2.生产设备

20L双层防爆玻璃反应釜,循环水式真空泵,布氏漏斗,抽滤瓶,电子天平,三用紫外分析仪等。

四、合成路线

五、生产过程

1.双层防爆玻璃反应釜的清洗与准备

20L双层防爆玻璃反应釜的清洗与气密性检查步骤:检查反应釜顶各处阀门和底阀确保关闭,打开循环水式真空泵,抽真空,确保真空度至-0.04MPa以上,打开釜顶进料阀门,吸入约10L水。打开冷凝水开关,再接通反应釜电源,开启搅拌开关,调节转速至约150r/min。检查反应釜是否干净,各处情况是否正常,釜底是否有气泡进入,适当调节底阀。关闭循环水式真空泵,放空,打开底阀,放水,关闭搅拌开关,待用。

2.查耳酮的合成

将120g氢氧化钠、1kg水和0.5kg冰于塑料桶中混合,搅拌至氢氧化钠溶解澄清。开启循环水式真空泵,打开减压阀门,使反应釜处于负压,打开进料阀门,吸入氢氧化钠水溶液,再吸入95%乙醇1L,关闭循环水式真空泵,打开放空阀门,开启搅拌开关,转速调至150r/min,搅拌10～20min。开启循环水式真空泵,抽入260g苯乙酮(操作方法如前),搅拌10～20min,反应液颜色变成乳白色或微黄色。通过恒压滴液漏斗,缓慢滴加230g苯甲醛,约30min滴完,并用少量95%乙醇清洗恒压滴液漏斗。滴加完毕,适度加快搅拌速度,调到170～200r/min,搅拌2～3h,每1h用薄层色谱(TLC)跟踪反应进展(展开剂为石油醚：乙酸乙酯＝30：1),反应液颜色逐渐并为深黄色,并有大量晶体析出。

3.后处理

反应完成后,停止搅拌,缓慢打开底阀,将反应液放入装有2L冰水的塑料桶中,并用玻棒搅拌。用5～10L水清洗反应釜(如反应釜底有固体堵塞出料口,需小心将固体弄碎后随料液一起放出)。用中型抽滤装置抽滤,滤饼用大量水洗至中性,压干。将固体在不锈钢瓷盘上摊平,放入真空干燥箱干燥,40℃干燥2h,称重。

4.精制

将查耳酮粗品研磨成细粉,通过双层防爆玻璃反应釜的上口,借助固体加料漏斗加到反应釜中,再分批加入约 2.5～3 倍质量的无水乙醇,开启搅拌开关,转速 150r/min,注意打开放空阀门,使反应釜通大气,蛇形冷凝管通冷却水。连接循环油泵开关,温度设置 45～50℃,使釜内溶液缓慢升温,固体全部溶解,再继续搅拌 10～15min。停止搅拌,趁热小心打开底阀,将溶液放到塑料桶中,冰水浴冷却,至晶体析出完全。抽滤,压干,将固体置不锈钢瓷盘并摊平,放入真空干燥箱干燥,40℃ 干燥 2h 后取出,将固体研磨成细粉后,继续在 40℃真空干燥 1h,称重。

反应结束后,依次用 95％乙醇和水清洗反应釜,确保设备整洁。

六、产品分析表征

查耳酮精品用薄层色谱(TLC)、高效液相色谱(HPLC)、熔点、红外、核磁共振等进行表征。核磁共振图谱见图 6-3。

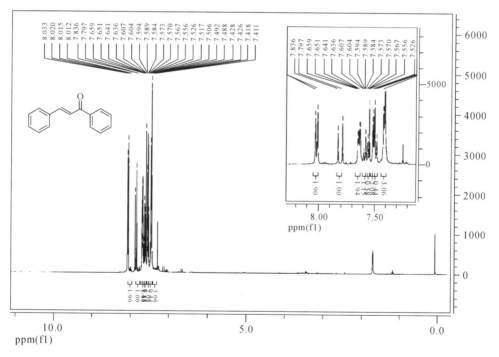

图 6-3　查耳酮核磁共振图谱

七、注意事项

1.氢氧化钠为腐蚀性药品,配制水溶液时应注意安全。

2.苯甲醛、苯乙酮有刺激性气味,称量时需在通风柜中进行。

3.双层防爆玻璃反应釜在使用前应检查气密性,确认设备正常后方可使用。反应中应保持通大气,放料时应防止液体溅到身上。

4.反应中如遇到底阀附近有固体堵塞,应由有经验的教师或实验人员疏通,再放料冲洗反应釜。

八、思考题

1.配制氢氧化钠水溶液时,为什么使用冰水溶解?

2.重结晶时,加热温度为什么不能超过熔点?

3.查耳酮结构中的羰基来自苯甲醛,还是苯乙酮?

实验四 维生素 K₃ 的中试合成

一、实验目的

1.了解亚硫酸氢钠加成物在药物结构修饰中的作用和维生素 K_3 的中试制备方法;

2.掌握该反应的氧化和加成特点;

3.掌握双层防爆玻璃反应釜的操作方法。

二、实验原理

β-甲基萘因 2 位甲基的超共轭效应,使甲基所在环的电子云密度较高,在温和条件下,可被铬酸(一般用铬酸的乙酸溶液或重铬酸盐的稀硫酸溶液)氧化,形成甲萘醌。2,3位双键再与亚硫酸氢钠加成,即得维生素 K_3。

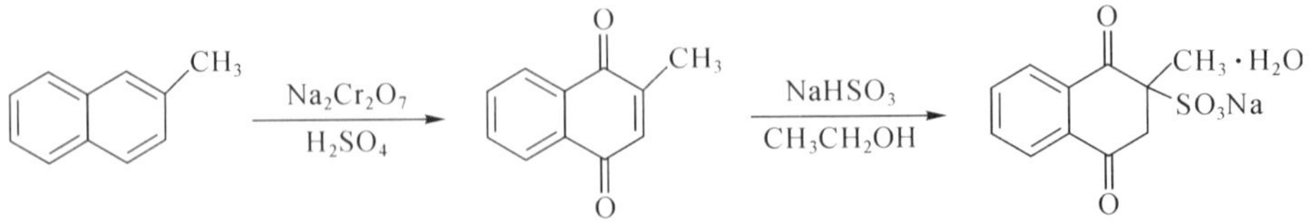

三、实验内容与步骤

1.双层防爆玻璃反应釜的清洗与准备

20L 双层防爆玻璃反应釜的清洗与气密性检查步骤:检查反应釜顶各处阀门和底阀确保关闭,打开循环水式真空泵,抽真空,确保真空度至 -0.04 MPa 以上,打开釜顶进料阀门,吸入约 10L 水。打开冷凝水开关,再接通反应釜电源,开启搅拌开关,调节转速至约 150r/min。检查反应釜是否干净，各处情况是否正常，釜底是否有气泡进入，适当调节底阀。关闭循环水式真空泵，放空，打开底阀，放水，关闭搅拌开关，待用。

2.甲萘醌的制备

称取 β-甲基萘 420g(2.94mol)，分批倒入装有丙酮 846g(约 1080ml)的 2L 烧杯中，用玻棒搅拌溶解。打开循环水式真空泵，将溶液减压吸入 20L 双层防爆玻璃反应釜中，开启搅拌开关，转速调至 150r/min。称取重铬酸钠 2100g(7.02mol)，搅拌下分批倒入装有 3180ml 冰水（约 2000g 冰，1180ml 水）的塑料桶中，再缓慢加入浓硫酸 2520g（约 1380ml)，混合均匀，将混合液倒入恒压滴液漏斗。开启装有导热油的恒温循环泵，设置温度为 40℃，待反应液温度达到 40℃后，缓慢滴加反应液，约 1h 加完。加毕，于 40℃反应 1h，然后将循环泵温度设定为 60℃。待温度升至 60℃继续反应约 1h。采用 TLC 跟踪反应至原料反应完全。打开底阀，趁热将反应液放到装有约 5L 冰水的塑料桶中，边搅拌边放料，并用水清洗反应釜，再继续搅拌约 15min，使甲萘醌完全析出。减压抽滤，晶体用水洗至中性，抽干。80℃下真空干燥 1.5~2h，称重，计算收率。

3.维生素 K_3 的制备

通过固体加料漏斗将制备的甲萘醌加入 20L 双层防爆玻璃反应釜。称取 264g 亚硫酸氢钠，搅拌下加入 420ml 水中，减压吸入反应釜中，开启搅拌开关，调节转速为 100r/min。开启装有导热油的恒温循环泵，设置温度为 40℃。搅拌均匀后，再减压吸入 95%乙醇 660ml，继续搅拌 50min，开底阀，将溶液趁热放到 2L 烧杯中，并用少量 95%乙醇清洗反应釜。烧杯用冷水浴冷至 10℃，静置 20min，使晶体完全析出，减压抽滤，晶体用少许冷乙醇洗涤，抽干，得维生素 K_3 粗品，记录湿重。

4.精制

通过固体加料漏斗将制备的维生素 K_3 粗品加入 20L 双层防爆玻璃反应釜，再加入 18g 亚硫酸氢钠。减压吸入 4 倍质量的 95%乙醇，开启搅拌开关，转速调至 100r/min。开启装有导热油的恒温循环泵，设置温度为 70℃，搅拌均匀，加入粗品量 1.5%的活性炭。在 68~70℃下，保温脱色 15min，打开底阀，将料液放到 1L 烧杯中，趁热减压抽滤，滤液趁热倒入另一 1L 烧杯中，冷水浴冷至 10℃以下，析出晶体，减压抽滤，晶体用少量冷乙醇洗涤，抽干。将固体在不锈钢磁盘上均匀摊开，60℃干燥 2h，得维生素 K_3 纯品，熔点为 105~107℃。

精制操作结束后，用乙醇和水清洗反应釜。

四、思考题

1.氧化反应中为何要控制反应温度，温度过高对产品有何影响？

2.本反应中硫酸与重铬酸钠属于哪种类型的氧化剂？药物合成中常用的氧化剂有哪些？

3.简述甲萘醌和亚硫酸氢钠的反应机理，并思考精制过程中为何加入亚硫酸氢钠。

4.在反应进行前，应检查双层防爆玻璃反应釜是否完好，请思考反应釜的气密性检查和清洗的具体操作过程。

拓展项目一　坎地沙坦酯的精制

任务一、查阅坎地沙坦酯精制的方法

目标 1.坎地沙坦酯的性质

查阅坎地沙坦酯的理化性质、药理作用、临床应用及不良反应。

目标 2.精制方法

查阅实验室和工业上常用的精制方法,并充分了解原料的性质及相关参数,为实验方案的制订、实验具体操作以及"三废"处理做好准备。

目标 3.固-液分离方法

查阅固-液物料分离的常用方法,掌握其原理,熟悉相关设备装置。

任务二、工艺流程确定

目标 1.工艺流程框图的绘制

根据给定的坎地沙坦酯工艺路线,确定工艺流程的组成和顺序,绘制工艺流程框图。

目标 2.设计过滤、洗涤、干燥设备组合方案

根据生产工艺,查阅资料设计过滤、洗涤设备与干燥设备组合方案。

目标 3.设计应急预案

结合工艺所用的原料和产品理化性质及精制、分离干燥的实验操作技术,掌握有毒、有害物品、设备等的正确使用方法,提出紧急情况发生后的应急处理方案。提高警惕,避免实施过程中的危险和不规范操作,以确保项目能顺利进行。

任务三、生产实践

目标 1.实验前准备工作

根据生产工艺,领取所需的原材料及相关工器具,确定实验装置是否满足工艺要求;检查设备是否清洁,生产设备及其管道间的阀门是否处于合理开关状态。

目标 2.减压浓缩罐冷热介质切换

观察减压浓缩罐冷热介质管道布置特点,熟悉升温、降温操作顺序,同时学会冷热介质切换操作。

目标 3.生产的实施

根据生产工艺流程,在相应的设备上完成相应的操作,并及时做好生产记录;在做下一道工序前要先准备下一道工序所需的物料和工器具等。操作过程要注意安全。指导教师在实施过程中加强巡查和指导。

任务四、结果展示

项目实施结果以实验报告的形式为主,报告中应体现以下内容:

1.产品概述:简单介绍产品理化性质、临床作用。

2.工艺流程:绘制工艺流程框图。

3.过滤洗涤设备与干燥设备组合方案:写出不少于2套过滤、洗涤设备与干燥设备组合方案,并简要说明组合设备特点。

4.生产过程存在或发现的问题。

5.心得体会。

6.参考文献。

任务五、强化练习

1.坎地沙坦酯原料药精制过程中活性炭有哪些作用?

2.简述减压浓缩操作程序。

3.操作离心机时需注意哪些事项?

拓展项目二　头孢呋辛钠的精制

任务一、查阅头孢呋辛钠的精制方法

目标 1.头孢呋辛钠的性质

查阅头孢呋辛钠的理化性质、药理作用、临床应用及不良反应。

目标 2.精制方法

查阅实验室和工业上常用的精制方法,并充分了解原料的性质及相关参数,为实验方案的制订、实验具体操作以及"三废"处理做好准备。

目标 3.成盐结晶方法

查阅制药结晶的常用方法,掌握成盐结晶原理。

任务二、工艺流程确定

目标 1.工艺流程框图的绘制

根据给定的头孢呋辛钠精制工艺路线,确定工艺流程的组成和顺序,绘制工艺流程框图。

目标 2.了解非最终灭菌无菌原料药精制各生产工序的洁净等级

根据生产工艺,查阅资料设计脱色工序、结晶工序、粉碎工序生产区域洁净等级。

目标 3.设计应急预案

结合工艺所用的原料和产品理化性质、精制、分离干燥及"三废"处理过程中的实验操作技术,掌握有毒、有害物品、设备等的正确使用方法。提出紧急情况发生后的应急处理方案。提高警惕,避免实施过程中的危险和不规范操作,以保证项目能顺利进行。

任务三、生产实践

目标 1.实验前准备工作

根据生产工艺,领取所需的原材料及相关工器具,确定实验装置是否满足工艺要求;检查设备是否清洁,生产设备及其管道间的阀门是否处于合理开关状态。

目标 2.成盐剂的种类

查阅资料了解头孢呋辛钠成盐剂除了乙酸钠外,还有哪些成盐剂。

目标 3.生产的实施

根据生产工艺流程,在相应的设备上完成相应的操作,并及时做好生产记录;滴加时注意观察料液的变化,记录滴加至料液浑浊时的时间及乙酸钠滴入量;注意观察停止滴加后,搅拌 30min 时料液的变化情况。指导教师在实施过程中加强巡查和指导。

任务四、结果展示

项目实施结果以实验报告的形式为主,报告中应体现以下内容:

1.产品概述:简单介绍产品的理化性质、临床应用等。

2.工艺流程:绘制工艺流程框图,完成生产记录。

3.中试生产工艺具体过程及结果:根据所提供的工艺,写出制备头孢呋辛钠的详细生产工艺过程,记录产品的外观、气味、收率等指标,比较所得的产品外观与《中国药典》规定是否相似。

4.生产过程存在或发现的问题。

5.心得体会。

6.参考文献。

任务五、强化练习

1.若实验室提供的乙酸钠不是无水乙酸钠而是三水合乙酸钠($C_2H_3O_2Na \cdot 3H_2O$),试问能否用于该工艺生产? 若能,该怎么调整?

2.制药工艺中常见的结晶方法有哪些?

3.生产前,该工艺生产设备是否需要干燥?

拓展项目三　对乙酰氨基酚的制备

任务一、查阅对乙酰氨基酚的制备方法

目标1. 对乙酰氨基酚的性质

查阅对乙酰氨基酚的理化性质、药理作用、临床应用及不良反应。

目标2. 制备方法

查阅文献资料,确定以对氨基苯酚为原料合成对乙酰氨基酚的方法及重结晶方法,并充分了解所用原料的性质及相关参数,为实验方案的制订、实验具体操作以及"三废"处理做好准备。

目标3. 乙酰化反应技术

掌握乙酰化反应原理,熟悉酰胺类药物的生产过程和相关设备装置。

任务二、工艺流程确定

目标1. 工艺流程框图的绘制

根据所确定的对乙酰氨基酚的工艺路线,确定工艺流程的组成和顺序,绘制工艺流程框图。

目标2. 设计脱色过滤方案

根据生产工艺,查阅资料,设计回流脱色后过滤方案并确定相应的所需设备装置。

目标3. 设计应急预案

结合工艺所用的原料和产品理化性质,掌握有毒、有害物品的正确使用方法,提出紧急情况发生后的应急处理方案,对生产过程中突然发生停水、停电等情况制定相应的应对措施。提高警惕,尽量避免实施过程中的危险和不规范操作,以保证项目顺利进行。

任务三、生产实践

目标1. 实验前准备工作

根据生产工艺,领取所需的原材料及相关工器具,确保生产装置满足工艺要求;检查设备是否清洁,生产设备及其管道间的阀门是否处于合理开关状态。

目标2. 回流装置

观察回流冷凝器管道布置特点,正确判断回流的剧烈程度。

目标3. 生产实施

根据生产工艺流程,在相应的设备上完成相应的操作,并及时做好生产记录;在做下一道工序前要先准备下一道工序所需的物料和工器具等。操作过程要注意安全。指导教师在实施过程中加强巡查和指导。

任务四、结果展示

项目实施结果以实验报告的形式为主,报告中应体现以下内容:

1.产品概述:简单介绍产品的理化性质、临床作用。

2.工艺流程:绘制工艺流程框图。

3.脱色后过滤方案:写出2种过滤方案,并简要说明所需的设备设施。

4.生产过程存在或发现的问题。

5.心得体会。

6.参考文献。

任务五、强化练习

1.常见的乙酰化试剂有哪些?活性顺序如何?

2.重结晶时若用水作溶剂使对乙酰氨基酚粗品溶解回流,冷凝器冷却介质为-20℃左右的冰盐水,操作时应注意些什么?

3.对乙酰氨基酚重结晶过程加入少量的亚硫酸氢钠有何作用?

参考文献

[1]Nikita L, Susan W, Leila F, et al. Human Serum Albumin Nanoparticles for Use in Cancer Drug Delivery: Process Optimization and In Vitro Characterization[J]. Nanomaterials, 2016, 6(6):116-132.

[2]陈兴才,赖虔,赵仪.虾壳虾青素酯皂化工艺研究[J].中国食品学报,2007,7(4): 74-79.

[3]李钟玉,李临生.烟酸、烟酰胺的研究进展[J].化工时刊,2003,17(2):6-9.

[4]范国荣.药物分析实验指导[M].北京:人民卫生出版社,2016.

[5]方晓玲.药剂学实验指导[M].上海:复旦大学出版社,2013.

[6]高峰,任福正.药剂学实验[M].上海:华东理工大学出版社,2015.

[7]龚凌霄.大豆异黄酮的提取与精制[D].杭州:浙江大学,2006.

[8]国家药典委员会.中华人民共和国药典[S].北京:中国医药科技出版社,2020.

[9]韩永萍,李可意.药物制剂技术与药物分析检测训练教程[M].北京:化学工业出版 社,2017.

[10]杭太俊.药物分析[M].北京:人民卫生出版社,2016.

[11]侯丽芬,谷克仁,吴永辉.不同制剂脂质体制备方法的研究进展[J].河南工业大学学 报(自然科学版),2016,37(5):118-124.

[12]黄萌.南极磷虾中虾青素的提取与纯化[D].济南:山东师范大学,2012.

[13]姜森,杨贤庆,李来好,等.高效液相色谱法测定虾壳中的虾青素[J].食品科学,2010, 31(20):371-375.

[14]李文丽,赵杰,崔玉洁.苯佐卡因的合成工艺研究[J].当代化工研究,2017(11): 117-118.

[15]李雅君.葛根有效成分提取及分离纯化工艺研究[D].太原:山西大学,2014.

[16]李治国,高静,郑爱萍.提高蛋白质、多肽类药物稳定性的研究进展[J].国际药学研究 杂志,2017,44(11):1069-1074.

[17]林春榕,吴学东,狄勇.人血浆脂蛋白(a)的分离纯化[J].大理医学院学报,2001,10 (3):3-5.

[18]林军章,于炜婷,徐小溪,等.乳化/内部凝胶化工艺制备海藻酸钙凝胶微球的研究 [J].功能材料,2008,39(11):1879-1882.

[19]林强,彭兆快,权奇哲.制药工程专业综合实验实训[M].北京:化学工业出版 社,2011.

[20]刘娥.制药工程专业实验[M].北京:化学工业出版社,2016.

[21]马爱霞,明广奇,黄家利.药品 GMP 车间实训教程:下册[M].北京:中国医药科技出版社,2016.

[22]孟江平,张进,徐强.制药工程专业实验[M].北京:化学工业出版社,2015.

[23]牟琳琳,徐洋,蒋宫平,等.改良 pH 梯度法制备盐酸小檗碱脂质体[J].中国药学杂志,2013,48(1):49-53.

[24]彭红,文红梅.药物分析[M].北京:中国医药科技出版社,2018.

[25]邱方利,许海丹.综合实验 A:化学、化工、制药类专业[M].杭州:浙江大学出版社,2013.

[26]孙彦.生物分离工程[M].北京:化学工业出版社,2018.

[27]王健.双孢蘑菇 PPO 的提取、纯化及特性测定[D].淄博:山东理工大学,2011.

[28]王丽英,马美湖,蔡朝霞,等.离子交换色谱法分离纯化鸡卵黄免疫球蛋白[J].色谱,2012,30(1):80-85.

[29]王梦迪,何广卫.靶向递药系统白蛋白纳米粒的研究进展[J].安徽医药,2013,17(10):1649-1651.

[30]吴彩娟.天然虾青素的提取和纯化工艺研究[D].杭州:浙江大学,2003.

[31]吴强,何广卫,刘文英.注射用赖氨匹林含量测定方法的改进[J].安徽医药,2006,10(4):267-268.

[32]吴晓英.生物制药工艺学[M].北京:化学工业出版社,2009.

[33]辛秀兰.生物分离与纯化技术[M].北京:科学出版社,2005.

[34]徐小云.龙井 43 号茶树 PPO 同工酶 I-1 的分离纯化与性质研究[D].武汉:华中农业大学,2016.

[35]杨文秀.脂质体主动载药的研究与应用进展[J].现代医药卫生,2011,27(17):2647-2648.

[36]尹晓东,姚嫱,李维廉.白蛋白结合型紫杉醇的研究进展[J].现代肿瘤医学,2011,19(7):1449-1452.

[37]张爱知,马伴吟.实用药物手册[M].7 版.上海:上海科学技术出版社,2011.

[38]张登山,刘留成.盐酸小檗碱脂质体的制备及其含量、包封率的测定[J].中国药师,2014,17(4):601-605.

[39]张晓鸣,夏书芹,张文斌.微胶囊技术:原理与应用[M].北京:化学工业出版社,2006.

[40]张龚,张万举.制药工程专业实验[M].北京:化学工业出版社,2016.

[41]张颖颖.高含量磷脂酰胆碱制备方法研究[D].杭州:浙江大学,2005.

[42]赵萌,蔡沙,屈方宁,等.内源乳化法制备海藻酸盐微胶囊的研究进展[J].食品工业科技,2013,34(22):392-396.

[43]赵群英,陈慧莎.绿叶中色素的提取和分离实验的新型层析装置[J].教学仪器与实验,2013,10:30.

[44]赵应征.药剂学模块实验教程[M].北京:高等教育出版社,2014.

[45]周长征.制药工程实训[M].北京:中国医药科技出版社,2015.